マーケティングの統計モデル

佐藤忠彦［著］

統計解析
スタンダード

国友直人
竹村彰通
岩崎　学
［編集］

朝倉書店

さまがき

本書は〈統計解析スタンダード〉シリーズの一冊として企画された．
タイトルは，本書の内容を端的に示すために，「マーケティングの統計モデル」とした．近年，飛躍的な進歩を遂げた統計学は，さまざまな分野でイノベーションを創出する重要な技術になりつつあり，その状況はマーケティング分野でも違いはない．マーケティング分野では，半自動的に蓄積されるさまざまな形式のビッグデータや，能動的な調査により取得された多種多様なデータが質的にも量的にも大量に存在している．10年前といわず5年前とさえ，そのデータ環境は劇的に変化している．企業の立場に立てば，そういったデータを有効に活用し，企業活動を高度化しうる情報を抽出できるかどうかが，企業の存立にかかわる最重要課題の1つになっている．昨今，社会でデータサイエンティストといった言葉がマーケティング分野で脚光を浴びる理由はそこにある．そういったデータ環境の変化により，マーケティングデータ分析の現場では，"メカニズム"を統計的生成モデルにより精緻に表現するよりは，データを効率的に選り分けるための統計的判別モデルを構成したり，アルゴリズムベースでルールを発見したりするデータマイニング技法に光が当たるようになっている．マーケティングにかかわるデータをそれらの技術で解析すれば，実務マーケティングの課題の多くは容易に解決できるといった"誤解"も社会に生じている．しかし，いかようなデータであったとしても顧客（消費者，ユーザー）の態度，行動のすべてをとらえることは不可能であり，情報は常に不完全なものと考えなければならない．その状況下でも，マーケティングに関連する事象のメカニズムを解明して初めて，マーケティング意思決定の精度を高められる．一般にデータマイニングによるデータ解析では，メカニズム解明といった課題に対応できないため，その点では統計的生成モデルに利がある．ただし，統計モデルによ

る解析アプローチだけでは,「複雑な消費者の行動メカニズム」や「複雑な現象生起のメカニズム」の解明には,機能的に不十分な点も多いのも事実である.統計モデルを上手に使ってマーケティング現象のモデリングができて初めて,有効な情報抽出につながるのである.本書は,この考え方を基本とし,マーケティング現象の"上手な統計的モデリングのための基本"を学習してもらうことを狙いとしている.

　ここで本書の内容を概観しておく.本書は 8 章の本論と 1 つの Appendix で構成した.はじめの 2 つの章には,マーケティングにおける統計的モデリングの基本事項を整理した.第 1 章に題材とする現代マーケティングの考え方を示した.第 2 章は,統計モデルとは何かといった説明から始め,マーケティングにおける統計モデルの手順および多くの統計モデルの推定手法となる最尤法を概説した.第 3 章では集計型の市場反応をモデル化する技術として,線形回帰モデルとポアソン回帰モデルを紹介している.本章の内容は,以降の章のモデリングでも参考にできる点が多い.第 4 章は消費者の選択行動をモデル化する技術として,ロジットモデルとネスティッドロジットモデルを詳細に説明している.また,プロビットモデルについても章末の［発展］で簡単に説明を加えている.本章で紹介しているモデリング技術は,現代マーケティング研究で中心的役割を担うものである.第 5 章は新製品の生存期間をモデル化するための技術として,パラメトリックハザードモデルを説明している.具体的には,指数分布,ワイブル分布,対数ロジスティック分布および対数正規分布を用いたハザードモデルをそれぞれ詳述している.ハザードモデルは,第 3 章や第 4 章で紹介したモデルと比較するとマーケティングでの活用事例は少ないが,新製品や顧客の生存期間といった現代マーケティングの重要課題を解析する際に直接的に利用可能なモデルである.第 6 章はマーケティングの基本解析事項であるセグメンテーションを実施する際に活用可能なモデル化技術として,潜在クラスモデル（有限混合モデル）を紹介している.本章の事例ではセグメンテーションを題材にして,有限混合モデルのモデリングを示したが,他のマーケティング現象のモデリングでも当該モデルは活用できる.第 7 章は消費者の態度形成メカニズムをモデリングするモデル化技術として,共分散構造モデルを詳述している.マーケティングでは伝統的にアンケート調査などにより取得した消

費者の態度データを解析することが多い．共分散構造モデルは，そういった場面で力を発揮するモデルであり，当該分野の最重要モデルの1つといえる．第3章から第7章のモデルは，その推定手法として第2章で説明する最尤法を基本としている．第8章では，それらの枠組みを拡張し，ベイズ推定法を用いるベイジアンモデリングを詳述した．第8章では，はじめにベイジアンモデリングおよびベイズ推定法の基礎を説明する．次に，ベイジアンモデリングの代表的モデルである階層ベイズモデル（階層ベイズロジットモデル）を詳述し，消費者異質性の構造を取り込んだブランド選択に関する解析事例を紹介する．最後に時系列解析のベイズモデルである線形・ガウス型の状態空間モデルを導入し，集計型市場反応モデルの動的拡張事例を説明する．Appendixには，本書で用いた確率分布の基礎的内容を整理している．図は，本書の章ごとの関連性を示している．図に示すように，第5章，第6章，第8章以外はどの章から読んでもらっても不都合は生じない．第5章および第6章は，第3章のモデル化

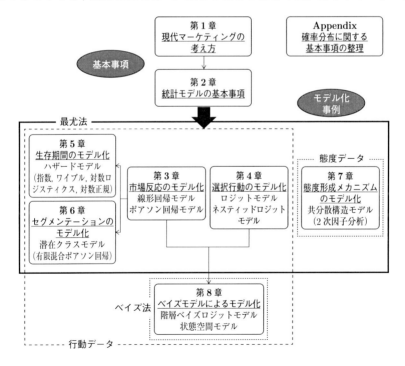

の考え方を直接的，間接的に用いるため，第3章を十分に理解してから読み進めるべきである．第8章は，第3章と第4章と同じデータ，同じ観測モデルを用いており，先にそれらの章をよく読み，理解してから読んでもらいたい．

　本書は「マーケティングデータの統計的モデリング」に関心のある学部上級生，大学院生を念頭に書いている．さらにいえば，学生だけにとどまらずマーケティングデータ分析にかかわる企業の方にも何らかの形で役に立てばと考えている．とかくマーケティングは，文系学問と考えられがちであるが，すでに統計学，さらにいえば統計モデルはマーケティングの一部といっても過言ではなく，当然，マーケティングにおいても理系的な素養が必要不可欠な時代になっている．近年，優れた統計ソフトの出現により，モデルや推定法の数理的側面の深い理解なしでも，何となくデータ解析ができてしまう．それで十分だという声があるのも事実である．しかし，時宜を得た重要な情報を抽出するために精巧な統計モデルを構成し，推定するためには，当然それでは不十分である．少したいへんだと感じても，モデルや推定法の数理的側面をきちんと理解することが，新たな展開のためにも非常に重要である．紙幅の都合で本書には解析プログラムなどは示すことができなかったが，各章の解析事例で用いたデータと，フリーの統計ソフトRによる解析プログラム例は朝倉書店のWebサイト (http://www.asakura.co.jp/) の本書のサポートページを通じて入手できるようにした．各章のモデル，推定法などを理解したら，実際のデータを用いて演習を行ってみてほしい．本書の内容がより深く理解できるはずである．

　本書は，筑波大学大学院ビジネス科学研究科の佐藤研究室の学生諸氏の研究指導を行う中で構想し，とりまとめるに至ったものであることを付記しておく．ゼミを行う中で多くのヒントをくれた学生諸氏に感謝したい．また，本書の執筆を勧めていただいた国友直人先生はじめ編集委員の先生方にも感謝する次第である．最後に，原稿が滞りがちな著者に対して適切なサポートをしつづけてくれた朝倉書店編集部のご努力にも感謝する．

　2015年7月

佐 藤 忠 彦

目　　次

1. **現代マーケティングの考え方** ……………………………… 1
   1.1 マーケティングとは何か？ ……………………………… 1
   1.2 マーケティング意思決定 ………………………………… 3
   1.3 マーケティングで活用されるデータ ………………… 8
      1.3.1 データ構造 ……………………………………………… 8
      1.3.2 測定尺度 ………………………………………………… 11

2. **統計モデルの基本事項** ……………………………………… 14
   2.1 統計モデルとは何か？ …………………………………… 14
   2.2 マーケティングにおける統計的モデリングの手順 …… 15
   2.3 最　尤　法 ………………………………………………… 19
   発展：パラメータの制約 ……………………………………… 22

3. **消費者の市場反応のモデル化** ……………………………… 24
   3.1 消費者の市場反応とは？ ………………………………… 24
   3.2 線形回帰モデルを用いた市場反応分析 ………………… 25
      3.2.1 線形回帰モデル ………………………………………… 25
      3.2.2 線形回帰モデルの推定 ………………………………… 27
      3.2.3 線形回帰モデルによる市場反応分析の事例 ………… 29
   3.3 ポアソン回帰モデルを用いた市場反応分析 …………… 32
      3.3.1 ポアソン分布 …………………………………………… 32
      3.3.2 ポアソン回帰モデル …………………………………… 33
      3.3.3 ポアソン回帰モデルの推定法 ………………………… 34

3.3.4　ポアソン回帰モデルによる市場反応分析の事例・・・・・・・・・・・・　35
　　発展：目的変数が変換された場合の線形回帰モデルの比較・・・・・・・・・・　38

4. 消費者の選択行動のモデル化・・・・・・・・・・・・・・・・・・・・・・・・・・・・・・・・・・　41
　4.1　消費者の選択行動とは？・・・・・・・・・・・・・・・・・・・・・・・・・・・・・・・・・・　41
　4.2　消費者の効用関数と効用最大化理論・・・・・・・・・・・・・・・・・・・・・・・・　43
　　4.2.1　消費者の効用関数・・・・・・・・・・・・・・・・・・・・・・・・・・・・・・・・・　43
　　4.2.2　効用最大化理論・・・・・・・・・・・・・・・・・・・・・・・・・・・・・・・・・・・　44
　4.3　非集計ロジットモデル・・・・・・・・・・・・・・・・・・・・・・・・・・・・・・・・・・　46
　　4.3.1　ロジットモデルとネスティッドロジットモデル・・・・・・・・・・・・　46
　　4.3.2　ロジットモデルとネスティッドロジットモデルの推定法・・・・・　50
　　4.3.3　ロジットモデルの分析例・・・・・・・・・・・・・・・・・・・・・・・・・・・・　51
　発展：非集計プロビットモデル・・・・・・・・・・・・・・・・・・・・・・・・・・・・・・・　57

5. 新商品の生存期間のモデル化・・・・・・・・・・・・・・・・・・・・・・・・・・・・・・・・　60
　5.1　新商品のマネジメントの重要性とは？・・・・・・・・・・・・・・・・・・・・・・　60
　5.2　新商品のタイプ・・・・・・・・・・・・・・・・・・・・・・・・・・・・・・・・・・・・・・・　62
　5.3　生存期間分析・・・　63
　　5.3.1　生存期間分析で用いるデータ・・・・・・・・・・・・・・・・・・・・・・・・・　63
　　5.3.2　生存関数とハザード関数・・・・・・・・・・・・・・・・・・・・・・・・・・・・　64
　　5.3.3　比例ハザードモデルと加速故障モデル・・・・・・・・・・・・・・・・・・　66
　　5.3.4　生存期間分析で用いられる確率分布・・・・・・・・・・・・・・・・・・・・　67
　　5.3.5　パラメトリックハザードモデルの推定法・・・・・・・・・・・・・・・・　71
　　5.3.6　パラメトリック比例ハザードモデルの分析例・・・・・・・・・・・・・　72
　発展：Cox 比例ハザードモデル・・・・・・・・・・・・・・・・・・・・・・・・・・・・・・・　78

6. 消費者セグメンテーションのモデル化・・・・・・・・・・・・・・・・・・・・・・・・・　80
　6.1　セグメンテーションとは？・・・・・・・・・・・・・・・・・・・・・・・・・・・・・・・　80
　　6.1.1　セグメンテーションの定義・・・・・・・・・・・・・・・・・・・・・・・・・・・　80
　　6.1.2　セグメンテーションの進め方とセグメントの評価・・・・・・・・・・　82

        6.1.3　セグメンテーションの方法･････････････････････････ 83
　6.2　潜在クラスモデル･･･････････････････････････････････････ 86
        6.2.1　基本モデル･････････････････････････････････････ 86
        6.2.2　潜在クラスポアソン回帰モデル･････････････････････ 87
        6.2.3　潜在クラスポアソン回帰モデルの推定とセグメント数の決定･ 88
        6.2.4　消費者のセグメントへの割りつけ･･･････････････････ 89
        6.2.5　潜在クラス分析の事例･･･････････････････････････ 90
　発展：EM アルゴリズム ･････････････････････････････････････ 98

7. 消費者態度の形成メカニズムのモデル化･･････････････････････ 100
　7.1　消費者の態度とは？･･････････････････････････････････ 100
        7.1.1　消費者の態度･･･････････････････････････････････ 100
        7.1.2　消費者態度の測定･･･････････････････････････････ 103
　7.2　共分散構造モデル（構造方程式モデル）･･･････････････････ 106
        7.2.1　共分散構造モデルの基本･････････････････････････ 106
        7.2.2　構造方程式モデル･･･････････････････････････････ 108
        7.2.3　因子分析モデル（測定方程式モデル）･･･････････････ 108
        7.2.4　共分散の構造化と推定･･･････････････････････････ 110
        7.2.5　共分散構造分析の事例･･･････････････････････････ 113
　発展：ロジスティック回帰モデル ･････････････････････････････ 123

8. ベイズモデルによるマーケティング現象のモデル化･････････････ 125
　8.1　ベイジアンモデリングとは？･･･････････････････････････ 125
        8.1.1　ベイジアンモデリングとベイズモデル･･････････････ 125
        8.1.2　マーケティングにおけるベイジアンモデリングの必要性･････ 129
　8.2　階層ベイズモデルによるブランド選択行動のモデル化 ･･････ 131
        8.2.1　階層ベイズロジットモデル ･････････････････････ 132
        8.2.2　マルコフ連鎖モンテカルロ法（MCMC 法）･･････････ 134
        8.2.3　DIC･･･････････････････････････････････････ 145
        8.2.4　階層ベイズロジットモデルの分析事例 ･････････････ 146

8.2.5 階層ベイズモデルの応用 ･････････････････････････････148
8.3 線形・ガウス型状態空間モデルによる動的市場反応のモデル化 ･･･149
　8.3.1 線形・ガウス型状態空間モデル ･･････････････････････150
　8.3.2 カルマンフィルタと固定区間平滑化とアルゴリズム ･･････････153
　8.3.3 動的市場反応の分析事例 ････････････････････････････157
　8.3.4 線形・ガウス型状態空間モデルの応用 ････････････････160
発展：一般状態空間モデルと状態推定法 ･･･････････････････････161

A. 確率分布に関する基本事項の整理 ････････････････････････164
A.1 確率分布（離散型分布の場合）････････････････････････････164
　A.1.1 離散型確率分布の定義 ･････････････････････････････164
　A.1.2 二項分布 ･･･164
　A.1.3 多項分布 ･･･165
　A.1.4 ポアソン分布 ･････････････････････････････････････166
A.2 確率分布（連続型分布の場合）････････････････････････････166
　A.2.1 連続型確率分布の定義 ･･････････････････････････････166
　A.2.2 一様分布 ･･･168
　A.2.3 正規分布（1変量の場合）････････････････････････････168
　A.2.4 指数分布 ･･･169
　A.2.5 ワイブル分布 ･････････････････････････････････････170
　A.2.6 対数正規分布 ･････････････････････････････････････170
　A.2.7 対数ロジスティック分布 ･･････････････････････････････170
　A.2.8 多変量正規分布 ･･･････････････････････････････････171
　A.2.9 ウィシャート分布 ･･･････････････････････････････････172

文　　献 ･･173
索　　引 ･･175

Chapter 1 現代マーケティングの考え方

本書では，マーケティングにおける統計モデルの紹介に主眼を置く．それに先立ち本章では，統計的モデリングで留意しなければならない，現代マーケティングの考え方を整理する．

1.1 マーケティングとは何か？

現在，マーケティングという言葉は社会的に広く知られるようになっているが，「マーケティング」という言葉から想起するイメージは，人によって異なる．小売業の値引や，チラシなどの店舗近隣に住む消費者を対象とした企業の販売促進活動がマーケティングだとイメージする読者もいれば，インターネットのサイト来訪者に対するリコメンデーションがそのイメージの読者もいるだろう．また，テレビCMのように不特定多数の消費者に対するプロモーション活動からマーケティングを想起する読者もいるかもしれない．

マーケティングは，「企業が行う市場需要の創造・開拓・拡大を目的とした活動」と定義できる．今日，マーケティングの意味は上記の定義の枠を超え，「社会全体の創造・伝達・配達・交換のための活動およびその一連のプロセスを包括的にとらえる概念」へと広がっている．ただし，本書ではマーケティングを伝統的な定義（企業が行う市場需要の創造・開拓・拡大を目的とした活動）でとらえ議論を進める．図1.1には，本書で想定するマーケティングの構図を模式的に示した．

図1.1に示すように，マーケティングには大雑把にいって2グループのプレイヤーが存在する．1つのグループは供給サイドのプレイヤーであり，メーカー，

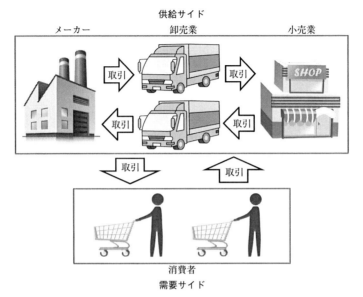

図 1.1 取引の構図

卸売業，小売業などによって構成される．他方は需要サイドのプレイヤーであり，そのグループを構成するのは消費者やユーザーである．供給サイドのプレイヤーと需要サイドのプレイヤーが出会う場所をマーケティングでは**市場**と呼ぶ．本書のマーケティングの立場で考えれば，企業は市場での成功を狙いとしさまざまな活動を行うと仮定していることになる．当然，「市場で成功するにはどうすべきなのか？」が企業にとっての最重要課題となる．現代の市場は，需要が供給を規定する構造になっている．企業がその論理，思想で考える良い製品，サービスを市場に提供しても，必ずしも需要サイドが採用するわけではなく，結果的に多くの製品，サービスは市場で失敗する事態を招く．企業は，需要サイドが考える良い製品，サービスを市場に提供しない限り，その成功確率を高めることができないのである．成功確率を高めるには，需要サイドのプレイヤーの態度や行動のメカニズム，そこに内在する因果関係を明らかにし，そこから得られる知見に基づきマーケティング戦略，戦術を立案，実施することが求められる．

　現代マーケティングの課題をもう少し具体的に検討する．下記の囲みには，

マーケティング課題のほんの数例を示した．多くの読者が感じると思うが，非常に泥臭い課題ばかりである．

1) 値引をしたら本当に売上は伸びるのか？
2) 一体誰が敵（競合商品，サービス）なのだろうか？
3) 競合のプロモーション活動によって，自社商品の売上は影響されるのか？
4) 自社商品を購入する消費者はどのような特徴をもっているのか？
5) 消費者が競合商品ではなく自社商品をなぜ選択してくれるのか？
6) 消費者はどのような好みや行動の特徴をもっているのか？

実務で生じる課題は多岐にわたり，かつ同様の課題が繰り返し何度も出現する．企業がこういった課題を効率的に解決し，日々のマーケティング活動を高度化するためには，2つの技術を必要とする．1つ目は，解決の糸口を発見する技術であり，もう1つは実際に何らかの方法で具体的な解決策を導く技術である．1つ目の技術は，実務マーケティングでの経験や知識に基づく発見の技術と考えてもらえばよい．一方で2つ目の技術は，課題に対する具体的な解決法を導く技術であり，今日的には統計解析，データマイニングなどがそれに対応する．これら2つの技術は，独立して活用されるわけではなく，相互依存的にそれらの技術を用いて，よりよい課題解決を実現する．ただし本書では，2つ目の技術，特にマーケティングにおける統計モデルの活用法に焦点を当て，解説する．

1.2 マーケティング意思決定

本節には，マーケティング現象の統計的モデリングで必ず意識しなければならない，マーケティング意思決定の周辺を概観する．マーケティング実務では，前節に示したように非常に多くの課題が断続的に生じる．本節では，「値引をしたら本当に売上は伸びるのか？」を例にマーケティング意思決定とは何かを検討してみるが，他の課題でも考え方は同じである．

「値引をしたら本当に売上は伸びるのか？」を検討する際，マーケターが知

らなければならないことを考えてみてほしい．第1に該当の商品を販売している環境（販売している小売業は？　その商品が属するカテゴリの販売状況は良好なのか？　プロモーションの頻度はどうなっているのか？　市場全体での販売状況はどうなっているのか？　など）を確認しなければならない．独りよがりでなく，より客観的に状況を踏まえた意思決定にするには，マーケティング環境の確認は非常に重要である．マーケティング環境を分析すれば，自社商品，サービスの強み，弱みを明らかにできる．部分最適の偏った意思決定をしないためには，このような客観的な分析が必要なのである．

　第2は，競合の現在の戦略がどうなっているか？　や将来的にどのような戦略を実施してくると予想できるか？　などを把握することである．通常，単一の商品，サービスだけで市場が形成されていることは少ない．望む，望まぬにかかわらず，企業は競争状況下にさらされるのである．この状況で，「敵がどういった行動をとるのか」は，マーケティング意思決定に影響する重要項目になる．自社の値引に，競合企業が対抗値引戦略をしてきた場合としてこない場合では，値引の効果に差が生じる．正当なマーケティング意思決定を実現するには，競合企業の戦略を的確に把握しなければならないのである．

　第3は，顧客や消費者の嗜好や反応を把握することである．マーケティング活動を高度化するには，この点が最も重要な役割を担う．前述のように，需要サイドのプレイヤー（消費者，ユーザー，顧客）が，マーケティングを考える場合の起点である．需要サイドのプレイヤーの態度や行動のメカニズムを明らかにし，それに基づき戦略立案をしない限り，今日的観点でマーケティングを高度化できない．「値引をしたら本当に売上は伸びるのか？」という課題でも，当然消費者や顧客が値引に対してどういった反応を示すのか？　値引に反応する消費者の特性は？　消費者の買いやすい価格帯は？　といったことを明らかにできない限り，精度の高い意思決定に結びつかず，結果的に課題解決はできない．顧客や消費者の嗜好や反応を計量的に適切に評価できなければ，妥当なマーケティング意思決定は実現できないのである．この点は，本書の目的に直結する点であり，よく理解した上で先を読み進めてほしい．

　上述のマーケティング課題は，さまざまなデータを分析し解決策を導くことになる．その際活用されるデータには2つのタイプがある．1つ目は1次デー

タと呼ばれる特定の課題を解決するために取得する「アンケートデータ」,「実験データ」などである．2つ目は，2次データと呼ばれ，公的機関や研究所などが公表している「シンジケートデータ」や企業－消費者間，企業－企業間，消費者－消費者間などさまざまなプレイヤー間で生じた取引や行動の結果を蓄積した「POS データ」,「ID 付 POS データ」,「Web ログデータ」などを含む．「値引をしたら本当に売上は伸びるのか？」というマーケティング課題の解決には，2次データである「POS データ」や「ID 付 POS データ」を用い，上述の3つの項目（マーケティング環境の把握，競合戦略の検討，消費者の価格反応）を検証する．その分析結果では意思決定の高度化に不十分であれば，アンケート調査などによる1次データの取得を考えることになる．データをどのように活用するかは，マーケティング課題の内容に依存し，さらにはマーケターの経験，技術，また調査予算によっても変化する．そのため，どういったデータ活用法が最善かという問いに，簡単に答えることはできない．しかし，マーケティング分野での昨今のデータ環境の進化を踏まえた場合，上述のアプローチ（2次データの活用から考え，それで不十分な場合，1次データの活用を考える）が妥当なことが多い．なお，マーケティングで活用可能なデータについては1.3節に示す．

　前段には，マーケティングデータの活用の考え方を示した．しかし，データが存在するだけでは意思決定に有効な知見を抽出できない．データを解析するための技術があって初めて，データが有効に機能するのである．この際重要なのが，データの解析アプローチである．図 1.2 には，データ活用のための2つのアプローチを模式的に示した．1つ目（図 1.2 の上図）は，データが生じるメカニズムをブラックボックス化し解析上明示的に表現しないアプローチ（アプローチ 1）である．一般にデータマイニングに代表される解析法が，アプローチ 1 に対応するものと考えてもらえればよい．一方で2つ目（図 1.2 の下図）は，データが生じるメカニズムを明示的に表現するアプローチ（アプローチ 2）である．昨今マーケティングでは，"メカニズム"を精緻に統計的生成モデルにより表現するだけではなく，データを効率的に選り分けるための統計的判別モデルを構成したり，アルゴリズムベースでルールを発見したりするデータマイニング技法（アプローチ 1）が注目を集めるようになった．データをアプロー

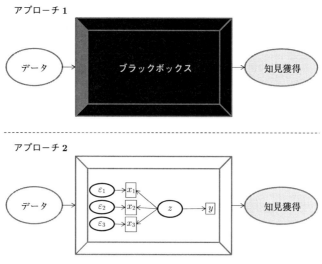

図 1.2　データ活用のアプローチ

チ 1 の技術で解析すれば，実務マーケティングの課題の多くは容易に解決できるといった誤解も生じている．しかし，どのようなデータでも，たとえば顧客（消費者，ユーザー）一人一人の態度，行動のすべてをとらえることはできず，情報は常に不完全である．その状況下でも，データを活用しマーケティング意思決定の精度を高めない限り，企業は市場で競争優位性を築けない．その実現には，不完全データの認識を前提に，データが生じるメカニズムを解明することが求められる．一般にデータマイニングを用いたデータの解析では，メカニズム解明といった課題に対応できず，その点では統計的アプローチに利がある．特に，解析結果をマーケティング意思決定へ活用しようと考えた場合，メカニズムが記述できていなければ役に立たない．データがなぜ生じたのか？ が適切に記述できて初めて，意思決定に役立つ知見になる．本書では，これらの統計モデルの利点を重視し，マーケティングにおける統計モデルの活用の基本を紹介する．統計モデルとは何かに関しては，第 2 章で詳述する．また，マーケティングで用いる具体的な統計モデルに関しては，第 3 章以降の章で個別に説明していく．

　前段までにマーケティング意思決定におけるマーケティング課題の設定から解析までの流れを説明した．しかし，マーケティング意思決定に至るための重

要なステップが残されている．通常，統計モデルを用いた解析で得られる情報は，「モデルパラメータ」の推定値である．推定値は，いってみれば単なる数値であり，その数値を得ただけではマーケティング意思決定に必要な情報を獲得したとはいえない．パラメータ推定値を「モデルから得られた知見」と呼ぶことにすると，これをマーケティング意思決定に直接的な示唆に「変換する」ことが必要なのである．この変換作業には，解析結果を読み取る能力ばかりでなく，実務マーケティングの経験，消費者行動理論の知見などをも活用した数値を読み解く総合力が必要になる．そのため，この作業は非常に困難であるが，マーケティング意思決定の精度を高めるためには必要不可欠だと考えなければならない．

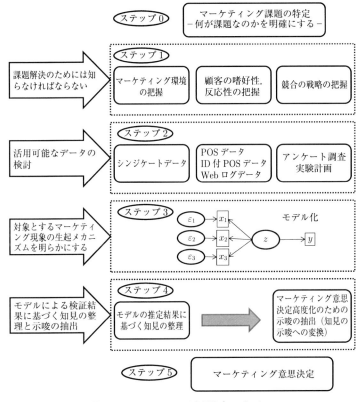

図 1.3　マーケティング意思決定のプロセス

図 1.3 には，本節で紹介したマーケティング意思決定の流れを模式的に示した．その流れは図に示すようにステップ 0 から 5 までの 6 つのステップに分解できる．上記の説明とあわせて，よく理解してほしい．

1.3 マーケティングで活用されるデータ

本節では，マーケティングで活用されるデータの周辺を説明する．特に本節では実際のデータ解析に影響する，データの構造（1.3.1 項）と測定尺度（1.3.2 項）に焦点を当てる．

1.3.1 データ構造

本項では，マーケティングで活用されるデータの構造を説明する．はじめに「アンケートデータ，実験データ，観察データ」と「POS データ，ID 付 POS データ，Web ログデータ」に分け，その特性を説明する．アンケートデータ，実験データ，観察データは，一般に 1 次データと呼ばれ，特定のマーケティング課題を解決する目的で直接的に調査し，獲得するデータである．一方で，POS データ，ID 付 POS データ，Web ログデータなどのデータは，一般に 2 次データと呼ばれ，基本的に社内外にすでに存在しているデータである．2 次データは，1 次データとは違い，ある特定のマーケティング課題に対応するために新たに取得するデータではない．2 次データには，ブログや twitter などの SNS（ソーシャルネットワーキングサービス）から取得できる，非構造化データも含まれる．

1 次データの代表的なデータであるアンケートデータは，消費者の態度を測定することが多い（その取得には都度費用を要する）．この点が 2 次データである POS データ，ID 付 POS データ，Web ログデータとの大きな違いである．また 2 次データは，その取得に直接的に費用が発生することは少ない（もちろん，間接的には多額の費用がかかっている）．アンケート調査で取得されるデータは課題によってさまざまな形式で取得可能だが，POS データ，ID 付 POS データ，Web ログデータなどの 2 次データは，下記の囲みに示すデータが定型的に取得される．

POS データの特性
1) 物販などを行う小売業などの販売履歴データ
2) 「いつ」,「何を」,「いくらで」,「何個」販売したかのデータが得られる

ID 付 POS データの特性
1) 物販などを行う小売業などでの消費者の購買履歴データ
2) 「誰が」,「いつ」,「何を」,「いくらで」,「何個」購買したかのデータが得られる

Web ログデータの特性
1) 個人の Web サイト閲覧履歴データ
2) 「閲覧者を識別する IP アドレス」,「ファイルへのアクセス日時」,「リクエストされたファイルの情報」,「どのページからきたかがわかるリファラー」,「ブラウザ・パソコン環境がわかるエージェント」のデータが得られる

マーケティングでは，上述のデータを活用し 1.2 節に示した意思決定の高度化に寄与する情報抽出を狙う．統計的な観点からは，データの構造が次項に示す測定尺度とともに重要である．なぜならば，その違いによって採用できる統計モデルに違いが出るからである．

データ構造はデータに含まれる軸（「相」と呼ぶこともあるが本書では「軸」と呼ぶ）とその軸の組み合わせ回数（「元」と呼ぶこともあるが本書では「組み合わせ回数」と呼ぶ）で分類する．図 1.4 はアンケートデータのデータ構造を模式的に示しており，1 つの軸が「消費者（被験者）」，もう一方の軸が「質問項目」になる．アンケートデータでは，消費者と質問項目がクロスする点には必ず数値があり，密な構造のデータ形式になる．どのような数値が入るかは，次項で解説する．図 1.5 では ID 付 POS データのデータ構造を模式的に示した．ID 付 POS データの場合，「消費者（顧客）」,「商品」,「時点」の 3 軸で構成される．ID 付 POS データは何も加工しない状態であれば，組み合わせ回数 3 のデータ構造になる．ID 付 POS データのある時点だけを切り取れば，図 1.4 に

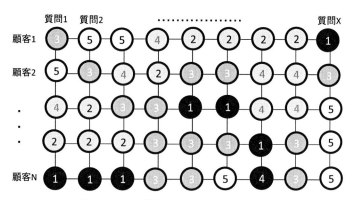

図 1.4 データ構造（アンケートデータの場合）

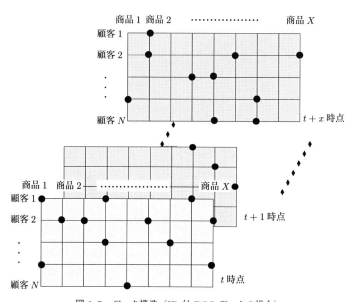

図 1.5 データ構造（ID 付 POS データの場合）

示すアンケートデータの場合と同様な構造だが，アンケートデータと異なり，消費者と商品がクロスする点に 0 以外の数値が入ることはほとんどない．しかも数字が入る場合でもほとんどが「1」である．図 1.5 では，その様子を ● で示している．このように ID 付 POS データは全体としては大規模なデータ構造であるが，きわめてスパースという特徴を有する．この点は解析上注意しなけれ

ばならない．Web ログデータは，ID 付 POS データと基本的に類似の構造である．また，POS データは，ID 付 POS データを消費者の軸に関して集計した構造で，商品と時点の 2 軸で構成される．

1.3.2 測定尺度

本項ではデータの測定尺度に関する基本事項を概観する．測定尺度は，軸と組み合わせ回数とは別の視点で重要である．データがどのような尺度で測定されているのかによって，対応可能な分析手法が決まる．測定尺度は，一般に名義尺度，順序尺度，間隔尺度および比例尺度の 4 つに分類できる．

名義尺度は，対象（消費者やブランド）を互いに背反なラベルづけされたカテゴリに割り当てる際に用いる．カテゴリ間の関係性は必要なく，ラベル化された数字の順序や間隔は意味をもたない．もし，ある対象が他の対象と同じ数字を割り当てられたならば，それらは同一の特性をもつものとみなされ，他方，異なる数字を割り当てられた場合，それら対象は完全に異なる特性をもつものと考える．名義尺度に関して許容される数的処理は，基本的にカウントすることだけである．

順序尺度は，対象を順序づけするか，ある基準で順番に並べ替えるかする際に用いる．データは，対象を優劣，強弱，大小などの基準で順位づけしてもらうことで取得する．順序尺度は，対象間でどの程度差があるかの情報を含まないので，許容される数的処理は中央値（メディアン）や最頻値（モード）を示す統計量に限定される（平均値は意味をもたない）．

間隔尺度は，対象を順序づけする際に用いる．その意味では，順序尺度と同じであるが，違いは各区切り幅が等しい点である．たとえば 5 段階の間隔尺度でデータを獲得した場合を想定してみよう．この場合，1 と 2 の差が 2 と 3 の差と同じであり，2 と 4 の差の半分の差を示しているなど，その差を相対的に比較できる．そのため，間隔尺度で測定された変数は，順序尺度とは異なり平均が意味をもつ．ただし，間隔尺度は，0 がその対象の属性が存在しないことを示すわけではないので，その数字の位置に関しては固定できない．すなわち，間隔尺度は水準間の差のみが意味をもつ尺度である．間隔尺度は統計処理のための望ましい性質を有しており，通常用いることの多い統計手法のほとんどが

適用可能である．

比例尺度は，原点0が意味をもつ間隔尺度の特別なケースとして位置づけられる．この尺度を用いれば，ある対象に対する評価が他の対象よりも何倍大きい，小さいなどを評価できる．数字が絶対的な意味で比較可能なのは，4つの尺度のうち比例尺度だけである．

下記の囲みには，4つの尺度の特性を示す．

- 名義尺度
    - 値が同じであれば同じクラスに属し，値が異なれば違うクラスに属することを示す尺度．値の大きさで順序づけを行ったり，距離を算定したりすることは基本的にできない
    - 買う／買わない，見る／見ない，読む／読まない，性別，職業，仕事の種類など
- 順序尺度
    - ある基準によって，優劣，強弱，および大小などの順序づけを行うことができる尺度．ただし，その値を用いて距離などを算定することは基本的にできない
    - ブランドの好きな順位，知覚品質など
- 間隔尺度
    - 2つの値間の距離（差）に意味がある尺度．ただし，参照点はなく，その意味で相対的につける尺度である
    - ブランド評価（非常においしい／おいしい／どちらともいえない／まずい／非常にまずい），気温など
- 比例尺度
    - 参照点0が意味をもつ尺度
    - ほとんどの計量的変数（販売数量，金額，価格など）

モデル化で特に留意すべきなのは，目的変数と呼ぶモデル化の対象となる変数がどのような尺度で測定されているのかである．この性質の違いにより，適用可能なモデルの形式が決まる．たとえば，「買う／買わない」という名義尺度対象にモデル化する場合に，比例尺度を前提に構成された手法は使えない．以

降を読み進めるに当たっては，モデル化している変数（目的変数）の尺度に注意してほしい．

■文献紹介

マーケティング・サイエンスに関する全般的な参考文献としては，片平 (1987)，古川ほか (2011)，照井 (2010)，照井・佐藤 (2013) などがある．また，マーケティングの解析法に特化した文献としては，里村 (2014)，阿部・近藤 (2005) などがある．ここに示した文献は代表的なものだけに限定して紹介しているが，ほかにも多くの良書がある．自身の興味に合致する書籍を選択し，知識を深めてほしい．

Chapter 2
統計モデルの基本事項

本章では，個別のマーケティング課題で活用する統計モデルの説明に先立ち，それらに共通する統計的モデリングの基本事項を説明する．いずれも，統計的モデリングを行う際には知っておくべき事項なので，よく理解してから以降の章を読み進めてほしい．

2.1 統計モデルとは何か？

本章の目的は，統計モデルとは何かを一般論として紹介し，マーケティングにおける統計的モデル化のフローを説明することである．統計モデルは，数式によって表現される**数理モデル**の一種である．現象を特徴づける量は**変数**によって表現し，変数間の関係は**数式**によって表現する．一般の数理モデルでは必ずしも**不確実性**を含まないが，統計モデルの場合は不確実性を明示的にモデルに取り込む．すなわち，データは数式表現によって一意に定まらず，ある種の「不規則性」の影響を受ける．この際，「不規則性」を確率の概念で表現するとき，その数理モデルを統計モデルと呼ぶ．統計モデルを定式化したとしても，問題は解決の入り口に立っただけである．なぜならば，統計モデルに含まれるパラメータは未確定だからである．統計的推測の果たす役割は，データに基づいてパラメータに関する知識を深め，まだ観測されていない（将来の）データを予測することである．

モデルの推定結果は，現実の問題を解決する行動を決定するためにも使われる．そもそも使わなければ，統計モデルの価値は半減してしまう．その際，統計的推測の結果は，意思決定者の経験や知識を勘案し評価することになる．図

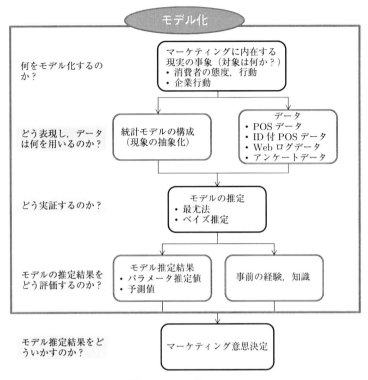

図 2.1 モデル化のフロー

2.1 には，統計モデルのマーケティング意思決定までのフローを示した．図 2.1 中のモデル化と記した枠線内の事項が，本書での対象である．

2.2 マーケティングにおける統計的モデリングの手順

本節では，マーケティングにおける統計的モデリングの手順を概説する．本節の内容は，以降のすべての章に関連する．理論の検証スタイルから説明を始める．

マーケティングに限った話ではないが，代表的な理論の検証スタイルとしては，演繹推論と帰納推論がある．演繹推論では，一般的に理論に基づき仮説を立て，データによりその仮説を検証するという立場で，換言すれば原理主導の

推論方式である．すなわち，演繹推論は過去の知見に積み上げ方式で新たな知見を積み上げていく推論方式であり，頑健である．マーケティング研究では，伝統的に採用されることの多い推論方式である．一方，帰納推論では現象を支配している関係式，経験則を観測データから推定していく．データの蓄積が進み，統計的解析技術が進んだ現代において脚光を浴びることが多い推論の立場で，換言すればデータ主導の推論方式である．帰納推論は演繹推論と異なり積み上げ方式ではなく，トップダウンの推論方式で頑健性では演繹推論には及ばない．ただし，推論方式がもつ知識の拡張機能は帰納推論に利がある．統計モデルによる推論の多くは，一般に帰納推論にカテゴライズできる．この点は，モデル化の考え方に影響するため，きちんと把握しておいてほしい．

ここでは，前段の議論を踏まえて，マーケティングにおける統計的モデリングの手順を説明する．なお，以降ではモデル化に使用できる何らかのデータがあるものと仮定している．

マーケティングにおける統計的モデリングでは，「探索的なデータ分析」⟶「モデルの定式化」⟶「モデルの推定」⟶「推定結果の解釈・示唆の抽出」という手順をとるのが一般的である．本節では，「探索的なデータ分析」と「モデルの定式化」の留意事項を概説する．「モデルの推定」は次節で，「推定結果の解釈・示唆の抽出」は各章でそれぞれ説明する．

マーケティングに役立つモデリングを行うには，それに先立ちデータを注意深く確認しなければならない．この確認が不十分だと，非現実的なモデル化や不十分な情報抽出になってしまう．モデリングが上手にできないのは，データの確認が不十分だといっても過言ではない．いずれにしても，統計モデルによる解析は，前述のように多くの場合帰納推論である点を踏まえると，データの確認が重要だとわかるだろう．下記の囲みは，具体的なモデル化の前にデータから確認すべき項目である．図 2.2 および図 2.3 などを確認しながら，この確認すべきポイントを理解してほしい．

> **探索的なデータ分析の手順**
> 1) モデル化するデータの測定尺度は何か？ 量的なデータか？ 質的なデータか？

2) 量的なデータであった場合，それは間隔尺度か？ 比例尺度か？
3) 質的なデータであった場合，いくつのカテゴリがあるか？ それは名義尺度か？ 順序尺度か？
4) データの分布状況はどうなっているのか？ その形状は？ ⟶ 箱ひげ図やヒストグラムなどのグラフを描き確認する（図 2.2）．
5) 他の変数とどのような関連性があるのか？ ⟶ 質的な変数の関連性はクロス集計表，量的な変数の関連性には散布図（図 2.3），質的な変数と量的な変数の関連性には質的変数の各水準に対する量的変数の箱ひげ図（図 2.2 の上段）などを確認すればよい．2 変数間の関係を示す散布図では，線形の関係性はありそうか？ 非線形の関係性はありそうか？ 関係性はなさそうか？ などを確認する．

上記のようにデータを確認したら，次のステップではモデルを定式化する．以降で用いる言葉をはじめに簡単に説明する．モデル化するには，メカニズムを明らかにする対象となる変数（**目的変数**または**被説明変数**または**内生変数**）とそれに影響を与える変数（**説明変数**または**外生変数**）を特定しなければならな

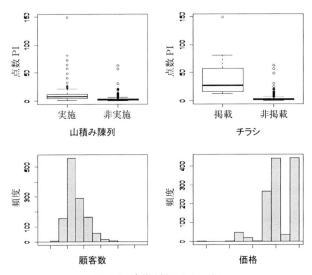

図 2.2 事前分析のイメージ 1
上は箱ひげ図の例．下段はヒストグラムの例．

18   2. 統計モデルの基本事項

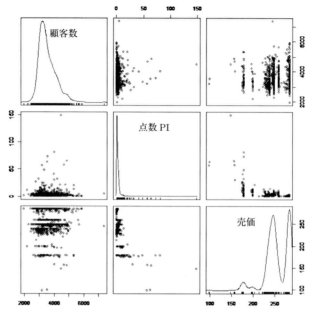

図 2.3 事前分析のイメージ 2
対角に並ぶ図は該当変数の密度推定結果，その他は変数間の散布図．

い．これらの事項は明らかにしたい事項，課題を踏まえ，分析者が決める．観測値に確率の概念が対応する変数を**確率変数**と呼ぶ．確率変数は正規分布，ポアソン分布，ガンマ分布といった何がしかの**確率分布**に従い分布すると仮定する．なお，確率分布として既知の分布を仮定するモデリングを**パラメトリックモデル**と呼び，既知の分布を仮定しないモデリングを**ノンパラメトリックモデル**と呼ぶ．本書では，パラメトリックモデルのみに焦点を当てる．

本書で紹介するモデルでは，目的変数とそれに影響する可能性のある説明変数群を前提とする．ここで重要なのは，目的変数を具体的にイメージすることである．表 2.1 には，目的変数と尺度，データのタイプ，確率分布の対応に関する例を示した．パラメトリックモデルのカテゴリでは，表 2.1 に示すように「尺度」と「データのタイプ」を踏まえて，それに適合する確率分布を仮定し，モデル化する．なお，目的変数が従う分布は，あくまでも仮定するものである．個々の確率分布の詳細は，各章で必要に応じて説明を加える．また，代表的な

表 2.1 目的変数と尺度,データのタイプおよび確率分布の例

目的変数(例)	尺度	データのタイプ	確率分布(例)
買う/買わない	名義尺度	二値	二項分布
ブランドの好きな順位	順序尺度	1, 2, ...	多項分布
ブランド評価	間隔尺度	7段階	正規分布
販売個数	比例尺度	カウント	ポアソン分布
点数 PI	比例尺度	連続	正規分布

確率分布については Appendix A を参照してほしい.確率分布に関する詳細な議論は,蓑谷 (2004) を参照されたい.

モデルの定式化は,上記議論を前提とし,マーケティングにおける変数間の理論的な関係や当該分野の実質科学的見地からの知見,および探索的データ解析の結果を踏まえ下記の手順で行う.

モデル定式化の手順

1) 目的変数となる確率変数 Y が従う確率分布を仮定する.たとえば Y 連続的に変動する確率変数で正規分布に従うと仮定する場合には,$Y \sim \mathrm{N}(\mu, \sigma^2)$ と記載する.μ, σ^2 は平均と分散を意味するパラメータである.

2) 目的変数 Y に説明変数ベクトル $\mathbf{X}$ が影響する構造を定式化する.たとえば,次章に示す回帰モデルの場合,$\mu = \beta^t \mathbf{X}$ と表現する.

上記のステップ 2 は,モデルの構造の違いによって差が生じる.そのため,この手順は各章で具体的に示す.注意深く読み進めてほしい.

2.3 最 尤 法

モデルの定式化ができれば,データにモデルを適用させ,モデルに含まれるパラメータを推定する.第 3 章から第 7 章で紹介するモデルでは,パラメトリックモデルを推定する際の一般的な方法である**最尤法**を用いる.

ある確率分布に従うデータ $y_1, y_2, \ldots, y_T$ がすでに手元にあるものと仮定する.この仮定は,ある確率分布に従う確率変数 $Y_1, Y_2, \ldots, Y_T$ が実現値 $y_1, y_2, \ldots, y_T$ をとったことを意味する.この場合,同時確率密度(尤度関数)は一般に式 (2.1) で定義する.

$$L(\boldsymbol{\theta}) = \begin{cases} \prod_{t=1}^{T} f(y_t|\boldsymbol{\theta}), & \text{各 } Y_t \text{が独立のとき} \\ f(y_1, y_2, \ldots, y_T|\boldsymbol{\theta}), & \text{一般の場合} \end{cases} \quad (2.1)$$

$\boldsymbol{\theta}$ はパラメータベクトルで，一般に未知の定数である．データは所与なので，式 (2.1) は $\boldsymbol{\theta}$ の関数になり，一般に尤度関数と呼ばれる．$y_1, y_2, \ldots, y_T$ を固定した条件下で，$L(\boldsymbol{\theta})$ を最大にするようにパラメータベクトル $\boldsymbol{\theta}$ の推定量 $\hat{\boldsymbol{\theta}}$ を求めるのが**最尤法**である．また，最尤法で求めた $\boldsymbol{\theta}$ の推定量 $\hat{\boldsymbol{\theta}}$ を最尤推定量と呼ぶ．このように最尤法は，パラメータを1つ定める意味で，点推定する1つの方法である．

式 (2.1) に示すように各 Y_i が独立な場合，尤度関数は積関数になる．そのため，最尤推定量が解析的に求められるケースを除いて，データ数が多いときには丸め誤差や桁落ちといった数値計算上の問題が生じやすく，$L(\boldsymbol{\theta})$ を用いて最尤法を実現するのは困難である．その代わり通常，$L(\boldsymbol{\theta})$ を対数変換した関数 $l(\boldsymbol{\theta})$（式 (2.2)，**対数尤度関数**）を推定に用いる．対数変換は，① 積が和に転換でき，② 対数関数が単調増加関数で，変換前後で関数の最大値をとる $\boldsymbol{\theta}$ は完全に同一になる，という2つの理由で採用される．特に ① は数値計算上の技術としては重要で，尤度関数を直接取り扱う際に生じる数値計算上の問題を軽減できる．ここでの議論は，一般の尤度関数でも，対数尤度関数が条件付尤度関数の対数の和で表現されるため，基本的に同じ議論に帰着できる．

$$l(\boldsymbol{\theta}) = \log(L(\boldsymbol{\theta})) = \begin{cases} \sum_{t=1}^{T} \log(f(y_t|\boldsymbol{\theta})), & \text{各 } Y_t \text{が独立のとき} \\ \log(f(y_1, y_2, \ldots, y_T|\boldsymbol{\theta})), & \text{一般の場合} \end{cases} \quad (2.2)$$

データが従う確率分布が既知で尤度関数が構成でき，手元にデータが存在している場合，理屈上はどのような確率分布でもパラメータ推定できる．実際には，$l(\boldsymbol{\theta})$ を目的関数とした数値的な最適化を行うことで $\boldsymbol{\theta}$ を推定する．以下には，数値的最適を実施する場合の代表的なアルゴリズムであるニュートン法を紹介する．なお，最尤法では対数尤度を最大化する $\boldsymbol{\theta}$ を推定するが，下記では説明をわかりやすくするため対数尤度の符号を反転させて，最大化問題を最小化問題に変換した例で説明する．この処理で本質的な部分は何も変化していない点に注意してほしい．

2.3 最　尤　法

ニュートン法では,収束するまで式 (2.3) を反復的に用いて負の対数尤度を最小にする $\boldsymbol{\theta}$ を求める.式中 $'$ は微分を示す記号である.

$$\boldsymbol{\theta}^{(i+1)} = \boldsymbol{\theta}^{(i)} - \frac{l\left(\boldsymbol{\theta}^{(i)}\right)}{l'\left(\boldsymbol{\theta}^{(i)}\right)} \tag{2.3}$$

上記の処理の概要を図 2.4 に模式的に示した.適当な初期値 $\boldsymbol{\theta}^{(0)}$ からスタートし,その点での接線 $-l'\left(\boldsymbol{\theta}^{(0)}\right)$ を求める.次に,その接線が x 軸と交わる点を $\boldsymbol{\theta}^{(1)}$ とし,同様にその点での接線 $-l'\left(\boldsymbol{\theta}^{(1)}\right)$ を求める.この手順を収束するまで繰り返し,最尤推定量 $\widehat{\boldsymbol{\theta}}$ を求めるのである.ニュートン法よりも精度が高く,効率的なアルゴリズムも提案されているが,基本構造は上記と同様である.技術的詳細に関しては本書ではこれ以上立ち入らないが,興味のある読者はたとえば,金谷 (2005) を参照されたい.

前段までの議論でモデルを定式化すれば,モデルパラメータが推定できる.次の課題は,データが従う確率分布にいくつかの候補が存在した場合に,それらから最も良い確率分布を選択することである.統計ではこの手続きをモデル選択と呼ぶ.モデル選択は,情報量規準と呼ぶ統計量を拠り所として実施する.モデルが最尤法で推定された場合,式 (2.4) に示す赤池情報量規準 AIC やベイズ情報量規準 BIC が用いられることが多い.

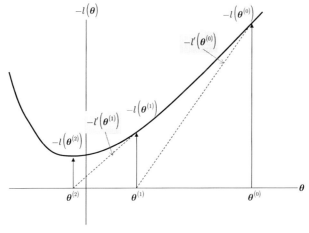

図 2.4　ニュートン法の手続き

$$\begin{aligned}\text{AIC} &= -2l\left(\widehat{\boldsymbol{\theta}}\right) + 2m \\ \text{BIC} &= -2l\left(\widehat{\boldsymbol{\theta}}\right) + m \cdot \log(N)\end{aligned} \qquad (2.4)$$

$l\left(\widehat{\boldsymbol{\theta}}\right)$，$m$ および N は，最大対数尤度，未知のパラメータ数（パラメータベクトルの次元）およびデータ数を示す．モデル選択の手順は次のとおりである．

AIC または BIC によるモデル選択の手順
1) 想定したすべての確率モデルの候補に対してパラメータベクトルを最尤推定し AIC または BIC を求める
2) 最も AIC あるいは BIC が小さいモデルを想定したモデルの中で最も良いモデルとして採用する
3) 選択されたモデルを統計的推測に用いる

AIC や BIC はパラメータ推定に最尤法を用いた場合のみ，適用理由が正当化できる情報量規準であり，他の推定法を用いた際にいつも使用できるわけではない．なお，8.2.3 項に示す DIC（Deviance Information Criteria）も，モデル選択の考え方は AIC，BIC と同様である．

■文献紹介
統計モデルによるモデリングの考え方に関しては，樋口 (2011) や久保 (2012) などが参考になる．ただし，これらの文献はマーケティングに特化したものではない．マーケティングに関して特化したものとしては，佐藤・樋口 (2013) を参照してもらえればよい．モデリングをどのように考えて実施するのかに関して，詳述されている．

［発展］ パラメータの制約
　統計モデルを最尤法で推定する場合，理論的あるいは実質科学的見地からパラメータに制約を課して推定しなければならないことがある．たとえば，分散が理論的に 0 より大きいことをイメージすれば，パラメータの制約の意味を理解してもらえるはずである．本章で説明したように，最尤法は対数尤度 $l(\boldsymbol{\theta})$ を目的関数とした最適化問題である．パラメータに制約を課す必要がある場合，制約条件付最適化問題を解かなければならない．しかし，多くのパラメータ

に制約を課すと計算効率が低下する．この課題には，制約条件付の最適化問題を，パラメータに変数変換を施すことで無制約の最適化問題に帰着させれば対応できる．以降では，β がモデルに含まれるパラメータを示し，γ が β を変数変換し数値的最適化で用いるパラメータと考えてほしい．ここでは4つの変数変換を紹介する．

下記に示す変換は，あくまでも理論的なあるいは実質科学的見地から正当化できる理由が存在する場合に実施するものである．単純に，自分の想定したようにパラメータが推定できないからといった理由でパラメータに制約を与えることはできない．重要な点なのであえて言及しておく．

a. パラメータ β に下限 a 以上の制約が課される場合

下限変換
$$\gamma = \log(\beta - a) \tag{2.5}$$

逆下限変換
$$\beta = \exp(\gamma) + a \tag{2.6}$$

b. パラメータ β が上限 b 以下の制約が課される場合

上限変換
$$\gamma = \log(b - \beta) \tag{2.7}$$

逆上限変換
$$\beta = b - \exp(\gamma) \tag{2.8}$$

c. パラメータ β に開区間 $(0, 1)$ に存在する制約が課される場合

対数オッズ変換
$$\gamma = \operatorname{logit}(\beta) = \log\left(\frac{\beta}{1-\beta}\right) \tag{2.9}$$

逆対数オッズ変換
$$\beta = \operatorname{logit}^{-1}(\gamma) = \frac{1}{1+\exp(-\gamma)} \tag{2.10}$$

d. パラメータ β に開区間 (a, b) に存在する制約が課される場合

上下限変換
$$\gamma = \operatorname{logit}\left(\frac{\beta-a}{b-a}\right) = \log\left(\frac{\dfrac{\beta-a}{b-a}}{1-\dfrac{\beta-a}{b-a}}\right) \tag{2.11}$$

逆上下限変換
$$\beta = a + (b-a)\cdot \operatorname{logit}^{-1}(\gamma) = a + (b-a)\cdot \frac{1}{1+\exp(-\gamma)} \tag{2.12}$$

Chapter 3
消費者の市場反応のモデル化

本章には，マーケティングにおける基本分析の1つである，集計型市場反応分析のための統計的モデル（線形回帰モデル，ポアソン回帰モデル）を紹介する．マーケティングにおける統計的モデリングの基本事項を含むため，よく理解してから以降の章を読み進めてほしい．

3.1 消費者の市場反応とは？

消費者から購買や予約といった反応を引き出すことを狙いとして，プロモーションなどのさまざまなマーケティング施策を実施する．たとえば小売業が実施するプロモーション活動には，値引販売，山積み陳列およびチラシ掲載などがある．小売業の店頭で値引販売を実施すれば，値引を実施しないときに比べて販売個数が増加する．また，山積み陳列により目立つ場所に商品を陳列すれば，通常の売場で販売したときに比べて販売個数が増加することも多い．そういった現象をざっくりとした感覚的な評価だけではなく，数値として定量的に評価しようとするのが，**市場反応分析**であり，購買や予約といった消費者の行動に対するマーケティング施策の影響度合いを**市場反応**と呼ぶ．市場反応を推定するためには**市場反応モデル**と呼ぶ統計モデルを用いる．特に，販売個数，予約件数のように集計したデータを目的変数にした分析を市場反応分析と呼び，そこで用いるモデルを**集計型市場反応モデル**と呼ぶ．

図 3.1 には，市場反応分析の構図を具体的に示した．統計的な観点からは，説明変数が目的変数に影響を及ぼす程度を推定することが市場反応分析に対応する．小売マーケティングの文脈では，販売個数や販売点数 PI（来店客 1000

3.2 線形回帰モデルを用いた市場反応分析

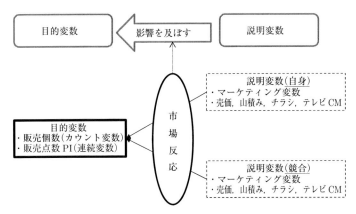

図 3.1 市場反応分析の構図

人当たり販売点数)などが目的変数に,自身および競合のマーケティング変数(売価,山積み陳列の実施の有無,チラシ掲載の有無など)が説明変数に対応し,それらの関係性を計量的に評価するのが市場反応分析ということになる.その際,目的変数のデータのタイプ(表 2.1 参照)によって,仮定できるモデル形式に違いが生じる.図 3.1 の例では,連続変数である販売点数 PI を目的変数とした場合,線形回帰モデルが,カウントデータである販売個数を目的変数とした場合,ポアソン回帰モデルがモデル化に利用できる.本章では,集計型市場反応分析で用いられることの多い,線形回帰モデルとポアソン回帰モデルを解説する.

3.2 線形回帰モデルを用いた市場反応分析

3.2.1 線形回帰モデル

1 変量の目的変数であるデータ y_t に対して,$p+1$ 個の説明変数 $\boldsymbol{x}_t = (x_t^0, x_t^1, \ldots, x_t^p)^t$ (x_t^0 は通常 1,上付の添え字 t は転置を示す)との間に線形関係を仮定した,式 (3.1) で示すモデルを**線形回帰モデル**(重回帰モデル)と呼ぶ.

$$\begin{aligned} y_t &= x_t^0 \beta_0 + x_t^1 \beta_1 + \cdots + x_t^p \beta_p + \varepsilon_t, \qquad \varepsilon_t \sim \mathrm{N}\left(0, \sigma^2\right) \\ &\equiv \boldsymbol{x}_t^t \boldsymbol{\beta} + \varepsilon_t \end{aligned} \tag{3.1}$$

$\boldsymbol{\beta} = (\beta_0, \beta_1, \ldots, \beta_p)^t$ は回帰係数のベクトルである.ε_t は回帰項以外の誤差項

で，t に関しては独立に平均 0，分散 σ^2 の正規分布に従うと仮定する．誤差項 ε_t が現象の不規則性を表現する．

T 組のデータ $t=1,\ldots,T$ に関する式 (3.1) を行列としてまとめると，

$$\boldsymbol{y} = \boldsymbol{x}\boldsymbol{\beta} + \boldsymbol{\varepsilon} \tag{3.2}$$

と表現できる．ここで，$\boldsymbol{y}$ は T 次元のベクトル $\boldsymbol{y} = (y_1,\ldots,y_T)^t$，$\boldsymbol{x}$ は $(T\times(p+1))$ のデザイン行列 ($\boldsymbol{x} = [\boldsymbol{x}_1; \boldsymbol{x}_2; \cdots; \boldsymbol{x}_T]^t$)，$\boldsymbol{\varepsilon}$ は T 次元のベクトル $\boldsymbol{\varepsilon} = (\varepsilon_1,\ldots,\varepsilon_T)^t$ である．具体的に書けば，

$$\begin{pmatrix} y_1 \\ y_2 \\ \vdots \\ y_T \end{pmatrix} = \begin{pmatrix} x_1^0 & x_1^1 & \cdots & x_1^p \\ x_2^0 & x_2^1 & \cdots & x_2^p \\ \vdots & \vdots & \ddots & \vdots \\ x_T^0 & x_T^1 & \cdots & x_T^p \end{pmatrix} \begin{pmatrix} \beta_0 \\ \beta_1 \\ \vdots \\ \beta_p \end{pmatrix} + \begin{pmatrix} \varepsilon_1 \\ \varepsilon_2 \\ \vdots \\ \varepsilon_T \end{pmatrix} \tag{3.3}$$

となる．なお，線形回帰モデルには，代表的な形式として表 3.1 に示すものがある．モデルの形式は，データの分布状況などを考慮しながら選択することになる．

市場反応分析で線形回帰モデルを用いる場合，モデルから弾力性と呼ぶ指標が導かれ，重要な役割を担う．通常，市場反応分析では**価格弾力性**と**交差価格弾力性**と呼ぶ指標が，消費者の価格への反応性向を示すために使用される．価格弾力性とは，「分析対象とした商品の価格の 1% 値引により販売点数が何 % 上昇するかを示す指標」で，値引すれば販売個数が増加し，逆に値上げすれば販売個数が低下するという関係性を反映し，通常負の符号で推定される．交差価格弾力性は，「競合商品の価格の 1% 値引により，対象商品の販売点数が何 % 低下するかを示す指標」で，競合商品が値上げすれば販売個数が増加し，逆に値下げすれば販売個数が低下するという関係性を反映し，通常正の符号で推定される．これらの弾力性は，表 3.1 に示すモデルの形式の違いで結果が異なる．上記の弾力性の定義を一般化すると，「説明変数が 1% の場合に目的変数が何 % 変化するかを示

表 3.1 代表的な線形回帰モデルの形式

モデル名	形式
線形	$y_t = \beta_0 + \beta_1 x_t + \varepsilon_t$
両対数型	$\log(y_t) = \beta_0 + \beta_1 \log(x_t) + \varepsilon_t$
左辺対数型	$\log(y_t) = \beta_0 + \beta_1 x_t + \varepsilon_t$
右辺片対数型	$y_t = \beta_0 + \beta_1 \log(x_t) + \varepsilon_t$

す指標」と定義でき，それを数式で表現すると $dy/y \Big/ dx/x = (dy/dx) \cdot (x/y)$ を計算すればよいことになる．表 3.1 に示すモデルそれぞれで異なる弾力性が導かれ，線形の場合 $\beta x/y$，両対数型の場合 β，左辺対数型の場合 βx および右辺対数型の場合 β/y となる．

3.2.2　線形回帰モデルの推定

本項では，線形回帰モデル（式 (3.1)）の推定法を説明する．ノイズ（誤差項）は t に関して独立なので，ε_t の同時確率密度は式 (3.4) になる．

$$p\left(\varepsilon_1, \varepsilon_2, \ldots, \varepsilon_T | \sigma^2\right) = \prod_{t=1}^{T} \frac{1}{\sqrt{2\pi\sigma^2}} \exp\left(-\frac{1}{2\sigma^2}\varepsilon_t^2\right) \tag{3.4}$$

y_t の確率密度を得るには，ε_t から y_t へ変数変換するだけでなく，そのヤコビアン（関数行列式）の絶対値の計算が必要になる．一般の変数変換による確率密度関数の変換則は

$$p(y_t) = p(\varepsilon_t)\left|\frac{d\varepsilon_t}{dy_t}\right| \tag{3.5}$$

で与えられ，右辺の $\left|\dfrac{d\varepsilon_t}{dy_t}\right|$ をヤコビアンと呼ぶ．ただし，式 (3.1) の線形回帰モデルの場合，$\left|\dfrac{d\varepsilon_t}{dy_t}\right| = 1$ であるため，$p(y_t) = p(\varepsilon_t)$ となる．線形回帰モデルの場合，ε_t と y_t の分布は平均分だけ平行移動しただけの違いであることを考えれば，対応する確率変数値での密度の値が変わらないのは明らかである．よって，$y_1, y_2, \ldots, y_T$ の同時確率密度，すなわち尤度関数は式 (3.6) で表現できる．

$$\begin{aligned}
p\left(\varepsilon_1, \varepsilon_2, \ldots, \varepsilon_T | \sigma^2\right) &= \prod_{t=1}^{T} p(\varepsilon_t | \sigma^2) \\
&= \prod_{t=1}^{T} p(y_t | \boldsymbol{x}_t, \boldsymbol{\beta}, \sigma^2) \times 1 \\
&= \prod_{t=1}^{T} \frac{1}{\sqrt{2\pi\sigma^2}} \exp\left(-\frac{1}{2\sigma^2}\left(y_t - \boldsymbol{x}_t^t \boldsymbol{\beta}\right)^2\right) \\
&= \left(2\pi\sigma^2\right)^{-\frac{T}{2}} \exp\left(-\frac{1}{2\sigma^2}(y - \boldsymbol{x}\boldsymbol{\beta})^t(y - \boldsymbol{x}\boldsymbol{\beta})\right) \\
&= p(y_1, y_2, \ldots, y_T | \boldsymbol{x}, \boldsymbol{\beta}, \sigma^2) = L(\boldsymbol{\beta}, \sigma^2) = L(\boldsymbol{\theta})
\end{aligned} \tag{3.6}$$

なお，$\boldsymbol{x}$ は説明変数として与えられるので，未知のパラメータは $\boldsymbol{\beta}$ と σ^2 の 2 つになる．よって，式 (2.1) の $\boldsymbol{\theta}$ は，$\boldsymbol{\theta} = (\boldsymbol{\beta}, \sigma^2)$ となる．

実際に線形回帰モデルのパラメータ推定を最尤法で行うためには，式 (2.2) に示したように式 (3.6) の対数をとった対数尤度を用いる．

$$l(\boldsymbol{\theta}) = \log(L(\boldsymbol{\theta})) = -\frac{1}{2}\left(T\log\left(2\pi\sigma^2\right) + \frac{(\boldsymbol{y} - \boldsymbol{x}\boldsymbol{\beta})^t(\boldsymbol{y} - \boldsymbol{x}\boldsymbol{\beta})}{\sigma^2}\right) \quad (3.7)$$

線形回帰モデルのパラメータ推定法は最小二乗法により，説明されることが多い．最小二乗法では，図 3.2 に示すように観測値と回帰モデルとの残差二乗和を最小にするように回帰係数の推定量 $\widehat{\boldsymbol{\beta}}$ を求める．定式化すると式 (3.8) になる．

$$\begin{aligned}\min_{\boldsymbol{\beta}} \sum_{t=1}^{T} \varepsilon_t^2 &= \min_{\boldsymbol{\beta}} \sum_{t=1}^{T} \left(y_t - \boldsymbol{x}_t^t \boldsymbol{\beta}\right)^2 \\ &= \min_{\boldsymbol{\beta}} (y - \boldsymbol{x}\boldsymbol{\beta})^t (y - \boldsymbol{x}\boldsymbol{\beta})\end{aligned} \quad (3.8)$$

最尤法では式 (3.7) を最大化するように，最小二乗法では式 (3.8) を最小化するように $\boldsymbol{\beta}$ を推定する．式 (3.7) の括弧の前に負の符号がついていることに留意すると，最尤法では $\boldsymbol{\beta}$ に関して $(y - \boldsymbol{x}\boldsymbol{\beta})^t(y - \boldsymbol{x}\boldsymbol{\beta})$ の最小化処理をする．つまり式 (3.8) と同一なのである．よって，誤差項が正規分布に従うとの仮定の

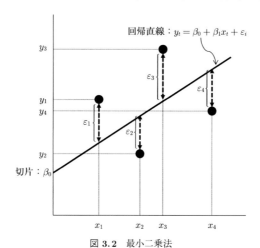

図 **3.2** 最小二乗法
$\varepsilon_1^2 + \varepsilon_2^2 + \varepsilon_3^2 + \varepsilon_4^2$ を最小化するように β_0, β_1 を決める．

もとでは，回帰係数の最小二乗推定量は最尤推定量に一致することもあり，通常尤度の定義を行わず最小二乗法を用いるのである．以上が線形回帰モデルにおける最尤法と最小二乗法の関係である．なお，通常の最小二乗法では，$\boldsymbol{\beta}$ を式 (3.9) の正規方程式を解くことで求める．また，誤差分散 σ^2 は，$\widehat{\boldsymbol{\beta}}$ を得た後に，残差平方和を自由度（$T-p-1$）で割って求める (式 (3.10))．

$$\widehat{\boldsymbol{\beta}} = \left(\boldsymbol{x}^t \boldsymbol{x}\right)^{-1} \boldsymbol{x}^t \boldsymbol{y} \tag{3.9}$$

$$\widehat{\sigma}^2 = \frac{\left(\boldsymbol{y} - \boldsymbol{x}\widehat{\boldsymbol{\beta}}\right)^t \left(\boldsymbol{y} - \boldsymbol{x}\widehat{\boldsymbol{\beta}}\right)}{T-p-1} \tag{3.10}$$

3.2.3 線形回帰モデルによる市場反応分析の事例

a. データの状況

本項の事例では，商品 A (醬油) の POS データを用いる．2.2 節に示したように，モデル化に先立ち，探索的にデータを分析する．図 3.3 には，商品 A の点数 PI の対数 $\left(\log\left(\frac{販売点数\times 1000}{客数}\right)\right)$，商品 A の価格掛率の対数 $\left(\log\left(\frac{商品 A の売価}{商品 A の期間最大売価}\right)\right)$，商品 B の価格掛率の対数 $\left(\log\left(\frac{商品 B の売価}{商品 B の期間最大売価}\right)\right)$ の分布状況を散布図行列の形式で示した．特に商品 A の点数 PI と他の 2 つの価格変数間の関係性に注目すると，商品 A の価格掛率の対数が大きくなる（値段が高い）と点数 PI の対数が線形に低下し（図 3.3 の上段真中の図参照）．また，商品 B の価格掛率の対数が大きくなる（値段が高い）と点数 PI の対数が線形に増加する（図 3.3 の上段右側の図参照）．

図 3.4 には，商品 A および B の山積み陳列実施の有無別の点数 PI（対数）の分布状況を示した．図 3.4 の左図が商品 A に，右図が商品 B の山積み陳列の実施の有無に対応している．自身が山積み陳列を実施した場合，点数 PI が上昇し，逆に商品 B の山積み陳列を実施した場合，点数 PI が低下する．

3. 消費者の市場反応のモデル化

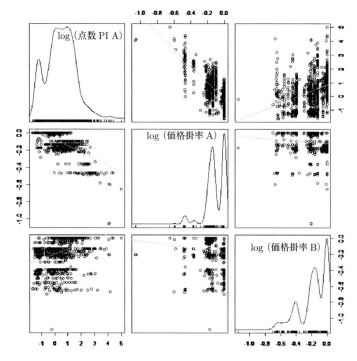

図 3.3 散布図行列
対角に並ぶ図は密度推定結果，その他は変数間の散布図．

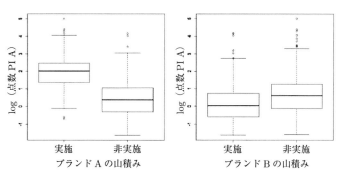

図 3.4 点数 PI の対数の箱ひげ図
左はブランド A の山積み陳列実施の有無別，右はブランド B の山積み陳列実施の有無別．

3.2 線形回帰モデルを用いた市場反応分析

以上を総括すると，下記の囲みのように整理できる．

> 探索的なデータ分析からの知見
> 1) 商品 A の値引の実施により，商品 A の点数 PI の対数が上昇する
> 2) 商品 B の値引の実施により，商品 A の点数 PI の対数が低下する
> 3) 商品 A の山積み陳列の実施により，商品 A の点数 PI の対数が上昇する
> 4) 商品 B の山積み陳列の実施により，商品 A の点数 PI の対数が低下する

探索的分析は，モデル化の仮定を導くために行ったもので，この分析で精緻に市場反応を推定できているわけではない．モデル化によって，商品 A，B のプロモーションが商品 A の点数 PI にどの程度影響するのかを計量的に評価するのである．本項のモデルは式 (3.2) の線形回帰モデルの枠組みで定式化する．

b. モデル

表 3.2 には，以降のモデルの定式化で用いる記号を整理した．式 (3.11) が a の議論に基づく市場反応モデルである．3.2.1 項の弾力性の議論に基づけば，パラメータ β_1, β_2 は価格弾力性，交差価格弾力性をそれぞれ示すことになる．

$$y_t = \beta_0 + x_t^1 \beta_1 + x_t^2 \beta_2 + x_t^3 \beta_3 + x_t^4 \beta_4 + \varepsilon_t, \quad \varepsilon_t \sim \mathrm{N}\left(0, \sigma^2\right) \quad (3.11)$$

表 3.2 線形回帰モデルで用いる変数

変数	説明
y_t	商品 A の点数 PI の対数
x_t^1	商品 A の価格掛率の対数
x_t^2	商品 B の価格掛率の対数
x_t^3	商品 A の山積み陳列実施の有無（実施 1，非実施 0）
x_t^4	商品 B の山積み陳列実施の有無（実施 1，非実施 0）
$\beta_0, \ldots, \beta_4$	回帰係数
σ^2	分散

c. モデル推定結果

表 3.3 には，式 (3.11) の推定結果を示す．$\Pr(>|t|)$ が 0.05 よりも小さければ（$|t\text{-}値|$ であれば 1.96 以上），有意水準 5%（以上）で該当する変数が統計的に有意と判断する．本事例の場合，価格弾力性（$\beta_1 = -5.02025$），交差価格弾力性（$\beta_2 = 1.93142$）および山積み陳列の実施（$\beta_3 = 0.77435$）が有意であり，

表 3.3　線形回帰モデルの推定結果

変数	推定量	標準誤差	t-値	$\Pr(>|t|)$
定数項	0.16283	0.03304	4.929	9.34E-07
価格掛率の対数（商品 A）	−5.02025	0.17464	−28.746	<2.00E-16
価格掛率の対数（商品 B）	1.93142	0.14226	13.577	<2.00E-16
山積み陳列（商品 A）	0.77435	0.07403	10.46	<2.00E-16
山積み陳列（商品 B）	0.03737	0.06162	0.607	0.544

商品 A の販売点数 PI にそれらのマーケティング活動が有意に影響している．

前段に示したモデル推定結果が，この種のマーケティング活動のための戦略を立案する際のイロハのイに当たる．上記の推定結果に基づけば，少なくとも短期的には自身の値引や山積み陳列実施は販売点数を増加させるために効果を有しており，その意味では実施する価値がある．また，競合の値引によって自身の販売点数はマイナスになる．その意味では，競合の値引を注視した活動が必要だといえる．

3.3　ポアソン回帰モデルを用いた市場反応分析

3.3.1　ポアソン分布

マーケティングでは，ある事象が発生した回数を記録したデータをよく目にする．たとえば，前節でも用いた商品の販売個数，ある期間における消費者の店舗や Web サイトへの訪問回数などがそのデータに該当し，カウント（計数）データと呼ばれる．カウントデータは離散データであり，正規分布のような連続分布の仮定は不適当であり，離散分布の仮定をおかなければならない．カウントデータは，離散分布の一種であるポアソン分布（A.1.4 項参照）を用いてモデル化することが多い．以降では，Y_t を事象の発生数を示す，ポアソン分布に従う確率変数とする．具体的には，Y_t の確率分布（ポアソン分布）は式 (3.12) で表現できる．

$$f(y_t) = \frac{\mu^{y_t} \exp(-\mu)}{y_t!} \tag{3.12}$$

式中，μ は平均発生数を示すパラメータであり，ポアソン分布の場合，$\mathrm{E}(y_t) = \mathrm{Var}(y_t) = \mu$ になる．すなわちポアソン分布は，平均と分散が等しいモデルなのである．図 3.5 には，$\mu = 1(\square)$, $\mu = 5(\triangle)$ および $\mu = 15(\times)$ の場合のポア

3.3 ポアソン回帰モデルを用いた市場反応分析

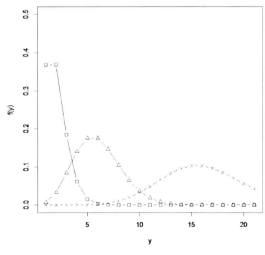

図 3.5 ポアソン分布

ソン分布を示した. μ の違いによって分布の形状が変化することがわかる.

本節では,市場反応分析にポアソン分布を利用する. 具体的には販売個数の観測値 y_t といくつかの説明変数の関係を,パラメータ μ を通してモデル化する. その枠組みが,次項で紹介するポアソン回帰モデルである.

3.3.2 ポアソン回帰モデル

販売個数や予約件数のようにある事象の発生回数を示す t に関して独立な独立な確率変数を Y_t とし,その実現値を y_t とする. さらに,y_t に影響する $p+1$ 個の説明変数 $\boldsymbol{x}_t = \left(x_t^0, x_t^1, \ldots, x_t^p \right)^t$ (x_t^0 は通常 1,上付の t は転置を示す) とし,その影響度を示すパラメータを $\boldsymbol{\beta} = (\beta_0, \beta_1, \ldots, \beta_p)^t$ とする. ポアソン回帰モデルでは,式 (3.12) の平均 (分散) パラメータを式 (3.13) で構造化する (2.2 節の「モデル定式化の手順」を参照のこと).

$$\mathrm{E}(Y_t) = \mu_t = n_t \eta_t \tag{3.13}$$

Y_t をある商品の t 時点の販売個数と考えた場合,式 (3.13) は,来店客数 n_t と図 3.1 に示したような説明変数に影響される η_t に依存して,Y_t が生成されることを示す.

η_t を説明変数によって構造化する場合,ポアソン回帰では式 (3.14) と考える.

$$\eta_t = \exp\left(\boldsymbol{x}_t^t \boldsymbol{\beta}\right) \tag{3.14}$$

ポアソン分布の場合，$\mu_t > 0$ が成立しなければならないため，$\eta_t > 0$ を満たさなければならない（$n_t > 0$ なので）．η_t を式 (3.14) で定式化したのはそのためである．結果的にポアソン回帰モデルは，式 (3.15) のように表現できる．

$$\mathrm{E}\left(Y_t\right) = \mu_t = n_t \cdot \exp\left(\boldsymbol{x}_t^t \boldsymbol{\beta}\right); Y_t \sim \mathrm{Poisson}\left(\mu_t\right) \tag{3.15}$$

式 (3.15) 中，$Y_t \sim \mathrm{Poisson}\left(\mu_t\right)$ は Y_t が平均 μ_t のポアソン分布に従うことを意味する．μ_t を対数変換すると式 (3.16) になる．

$$\log\left(\mu_t\right) = \log\left(n_t\right) + \boldsymbol{x}_t^t \boldsymbol{\beta} \tag{3.16}$$

$\log\left(n_t\right)$ はオフセットと呼ぶ既知の定数であり，ここでの説明でいえば来店客数の違いを考慮に入れてマーケティング変数の影響を評価したいときに使用する．

3.3.3 ポアソン回帰モデルの推定法

本項では，ポアソン回帰モデル（式 (3.15)）の推定法を説明する．ポアソン回帰モデルでは，式 (3.2) の線形回帰モデルのように Y_t に対応するノイズ（誤差項）は存在しない．そのため，尤度関数は線形回帰モデルのように誤差項の分布から出発するのではなく，Y_t から直接導出する．Y_t が t に関して独立だと仮定すれば，$y_1, y_2, \ldots, y_T$ の同時確率密度，すなわち尤度関数は式 (3.17) で表現できる．

$$\begin{aligned}
&p(y_1, y_2, \ldots, y_T) \\
&= \prod_{t=1}^{T} p(y_t | \mu_t) \\
&= \prod_{t=1}^{T} p(y_t | \boldsymbol{x}_t, \boldsymbol{\beta}) \\
&= \prod_{t=1}^{T} \frac{\left(n_t \cdot \exp\left(\boldsymbol{x}_t^t \boldsymbol{\beta}\right)\right)^{y_t} \exp\left(-n_t \cdot \exp\left(\boldsymbol{x}_t^t \boldsymbol{\beta}\right)\right)}{y_t!} \\
&= L(\boldsymbol{\beta}) \\
&= L(\boldsymbol{\theta})
\end{aligned} \tag{3.17}$$

$\boldsymbol{x}_t$ は説明変数として与えられるので，未知のパラメータは $\boldsymbol{\theta} = \boldsymbol{\beta}$ になる．

ポアソン回帰モデルのパラメータ推定は，式 (2.2) に示したように式 (3.17) の対数をとった対数尤度関数（式 (3.18)）を目的関数とした最尤法で実施する．

$$\begin{aligned} l\left(\boldsymbol{\theta}\right) &= \log\left(L\left(\boldsymbol{\theta}\right)\right) \\ &= \sum_{t=1}^{T}\Big\{ y_t\left(\log\left(n_t\right) + \boldsymbol{x}_t^t\boldsymbol{\beta}\right) - n_t\exp\left(n_t\boldsymbol{x}_t^t\boldsymbol{\beta}\right) - \log\left(y_t!\right)\Big\} \end{aligned} \quad (3.18)$$

3.3.4 ポアソン回帰モデルによる市場反応分析の事例
a. データの状況

本項には，ポアソン回帰モデルを用いた市場反応分析の事例を紹介する．事例では，3.2.3 項と同じ商品 A（醤油）の POS データを用いる．モデル化に先立ち，探索的にデータを確認する．図 3.6 には，商品 A の販売点数，商品 A の価格掛率，商品 B の価格掛率および客数を散布図行列の形式で示した．商品 A の販売点数と他の 2 つの価格変数間の関係性に注目すると，商品 A の価格掛率が大きくなる（値段が高い）と販売点数が線形に低下し（図 3.6 の下から 2 段

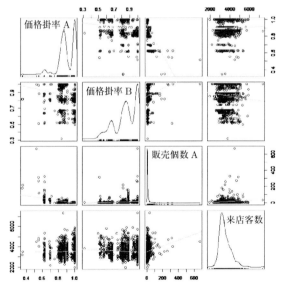

図 3.6 散布図行列
対角に並ぶ図は密度推定結果，その他は変数間の散布図．

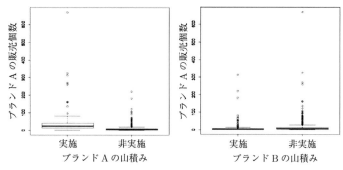

図 3.7 点数の箱ひげ図
左はブランド A の山積み陳列実施の有無別, 右はブランド B の山積み陳列実施の有無別.

目1列目の図参照), 商品 B の価格掛率が大きくなる (値段が高い) と販売点数が線形に増加する (図 3.6 の下から 2 段目 2 列目の図参照) 傾向が読み取れる. また, 客数が増えると販売点数が増加する傾向にある (図 3.6 の下から 2 段目 4 列目の図参照).

図 3.7 には, 商品 A および B の山積み陳列実施の有無別の販売点数の分布状況を示した. 図 3.7 左が商品 A の, 右が商品 B の山積み陳列の実施の有無に対応する. 自身が山積み陳列を実施した場合, 販売点数が上昇し, 逆に商品 B が山積み陳列を実施した場合, 販売点数が低下する.

以上を総括すると, 下記のように整理できる.

> 探索的なデータ分析からの知見
> 1) 商品 A の値引の実施により, 商品 A の販売点数が上昇する
> 2) 商品 B の値引の実施により, 商品 A の販売点数が低下する
> 3) 商品 A の山積み陳列の実施により, 商品 A の販売点数が上昇する
> 4) 商品 B の山積み陳列の実施により, 商品 A の販売点数が低下する
> 5) 客数が増加すると, 商品 A の販売点数が上昇する

上記は 3.2.3 項でも言及したが, 以降に行うモデル化のために行ったもので, この分析で精緻に市場反応が推定できているわけではない. モデル化によって明らかにしたいのは, 商品 A, B のプロモーションが商品 A の販売点数にどの程度影響するのかである. 本項のモデル化では式 (3.15) のポアソン回帰モデルの枠組みで定式化する.

b. モデル

表 3.4 には，以降のモデルで用いる記号を示した．ポアソン回帰モデルは，式 (3.15) で定式化できるが，実際には式 (3.16) をモデル化すればよい．式 (3.19) が，オフセット変数がある場合 (式 (3.19) の上式) とオフセット変数がない場合（式 (3.19) の下式）のモデルである．ただし，この定式化の違い（オフセット項を含むか否か）で推定法に違いは生じない．

$$\begin{aligned}\log{(\mu_t)} &= \log{(n_t)} + \beta_0 + x_t^1\beta_1 + x_t^2\beta_2 + x_t^3\beta_3 + x_t^4\beta_4 \\ \log{(\mu_t)} &= \qquad\qquad \beta_0 + x_t^1\beta_1 + x_t^2\beta_2 + x_t^3\beta_3 + x_t^4\beta_4\end{aligned} \quad (3.19)$$

c. モデル推定結果

表 3.5 と表 3.6 には，式 (3.19) の推定結果を示す（上段：オフセット有，下段：オフセット無）．いずれの表でも $\Pr(>|t|)$ が 0.05 よりも小さければ（$|t\text{-値}|$

表 3.4 ポアソン回帰モデルで用いる変数

変数	説明
y_t	商品 A の販売点数
x_t^1	商品 A の価格掛率
x_t^2	商品 B の価格掛率
x_t^3	商品 A の山積み陳列実施の有無（実施 1，非実施 0）
x_t^4	商品 B の山積み陳列実施の有無（実施 1，非実施 0）
n_t	来店客数
$\beta_0, \ldots, \beta_4$	回帰係数

表 3.5 ポアソン回帰の推定結果（オフセット有）

オフセット有（客数）	推定量	標準誤差	t-値	$\Pr(>|t|)$
定数項	-1.9287	0.1023	-18.8450	<2.00E-16
価格掛率（商品 A）	-6.9057	0.0611	-113.1030	<2.00E-16
価格掛率（商品 B）	2.1294	0.0893	23.8590	<2.00E-16
山積み陳列（商品 A）	0.8409	0.0192	43.7520	<2.00E-16
山積み陳列（商品 B）	-0.0618	0.0305	-2.0240	0.043

表 3.6 ポアソン回帰の推定結果（オフセット無）

オフセット無	推定量	標準誤差	t-値	$\Pr(>|t|)$
定数項	6.3593	0.1036	61.4120	<2.00E-16
価格掛率（商品 A）	-6.9617	0.0615	-113.2400	<2.00E-16
価格掛率（商品 B）	2.0440	0.0897	22.7780	<2.00E-16
山積み陳列（商品 A）	0.8554	0.0192	44.4760	<2.00E-16
山積み陳列（商品 B）	-0.0709	0.0307	-2.3080	0.021

であれば 1.96 以上），有意水準 5%（以上）で該当する変数が統計的に有意と判断する．本事例の場合，どちらのモデルでもすべての変数が有意水準 5% で有意となっている．また符号条件に関しても想定したものと一致する（自身の価格掛率（−），競合の価格掛率（+），自身の山積み陳列実施（+），競合の山積み陳列実施（−））．

オフセット項の有無で $\beta_1, \ldots, \beta_4$ の違いは小さいが，定数項 β_0 は大きく異なる．オフセット項は，オフセット変数の対数を説明変数にした（ただしパラメータは 1 に固定）という点を考えれば，この違いがなぜ生じるのか理解できるはずである．a 項で確認したように，客数の増加に伴い販売点数が増加する傾向にあり，一方でその変数が他の説明変数と質的に意味が異なる場合，本節で紹介したようにオフセット変数を導入すれば，より精緻に市場反応を評価できる．

■まとめと文献紹介

本章では，線形回帰モデルとポアソン回帰モデルを解説し，それらモデルに基づく実際の集計型市場反応分析事例を紹介した．本章で紹介したモデル化の考え方，モデルそれ自身は，他の章のモデルを理解していく上でも有用である．本章に示した内容を十分に理解した上で，先の章を読み進めてほしい．

回帰モデルを用いた市場反応分析を取り扱った書籍は多い．里村 (2010, 2014)，照井・佐藤 (2013) などを参考にしてもらえればよい．（マーケティングではないが）ポアソン回帰モデルの技術的詳細は，久保 (2012) を参考にするとよい．本章の内容はマーケティング分析の基礎的なものでもあるため，多くの書籍で説明されている．自身の興味にあった書籍を見出し，手法の理解を深めてほしい．

[発展] **目的変数が変換された場合の線形回帰モデルの比較**

ここでは，線形回帰モデルの目的変数を変換したモデル間で，モデル比較する際の考え方を説明する．発展的な内容であるため，読み飛ばしても以降の理解に差し支えはない．

3.2 節で紹介した線形回帰モデルを用いた解析では，たとえば，原データと対数変換したデータに対するそれぞれの回帰モデル間で，どちらが良いモデルかを比較したいときがある．回帰分析を行えば，その当てはまり具合を示す統計量である決定係数 R^2 が算定できる．R^2 は $0 \leq R^2 \leq 1$ を満たし，1 に近

いほど当てはまりが良いことを意味する．R^2 は何らかのソフトウェアを用いて回帰モデルの推定を実施すれば，必ず出力される．回帰分析を実施したことのある読者であれば，モデル比較にこの統計量を用いればよいのではないかと考えるかもしれない．しかし，決定係数は，説明変数を増やせば意味のあるなしにかかわらず，その値は 1 に近づく．したがって，この統計量によるモデル比較には問題が多く，限界がある．それならと 2.3 節の式 (2.4) に示した AIC を用いて比較すればよいと考えるかもしれない．しかし，単純に AIC によるモデル比較はできない．なぜならば，AIC の骨格をなす尤度は，データを変数変換すると，そもそも計っている量が変化してしまうからである．変数変換のプロセスを考慮せずに直接 AIC を比較するのは，単位の異なる数字を単位を考慮せず比較するようなものだからである（体積 $1000(\text{cm}^3)$ と体積 $0.1(\text{m}^3)$ のどちらが大きいかを議論していることをイメージしてもらいたい）．変数変換前後で AIC によるモデル比較を可能にするためには，変換後の AIC をヤコビアンを用いて補正しなければならない．

a. Box-Cox 変換 AIC の補正の説明に入る前に，対数変換を含む一般のデータ変換として式 (3.20) に示す Box-Cox 変換を導入する．Box-Cox 変換において，パラメータ λ を変えることでさまざまな変数変換が実現できる．

$$w_t = \begin{cases} \lambda^{-1}\left(y_t^\lambda - 1\right), & \lambda \neq 0 \\ \log(y_t), & \lambda = 0 \end{cases} \tag{3.20}$$

定数部分を無視すると，$\lambda = 0$ のときは対数変換に，$\lambda = -1$ のときは逆数変換に，$\lambda = 1$ のときは原データに対応する．

b. AIC の補正

Box-Cox 変換によって変換された $w_t = g(y_t)$ が確率密度関数 $h(w_t)$ に従うとすると，式 (3.5) 同様，原データの確率密度関数 $f(y_t)$ は，式 (3.21) となる．

$$f(y_t) = \left|\frac{dw_t}{dy_t}\right| h(w_t = g(y_t)) \tag{3.21}$$

原データ y_t および変換したデータ w_t を被説明変数とした場合の AIC を AIC_{y_t}, AIC_{w_t} とすると，補正した AIC は式 (3.22) になる．

$$\text{AIC}^*_{w_t} = \text{AIC}_{w_t} - 2\sum_{t=1}^{T} \log\left|\frac{dw_t}{dy_t}\right| \tag{3.22}$$

通常の AIC によるモデル比較と同様に，$\text{AIC}_{y_t} > \text{AIC}^*_{w_t}$ ならば変換後に対するモデルが，逆ならば原系列データに対するモデルが良いと判断する．

これにより，情報量規準の観点で良い変数変換を見つけられる．たとえば線形回帰モデルの適用だけでも，式 (3.20) に示す Box–Cox 変換を用いて最適な変数変換を決定でき，実際には非常に有益である．

Chapter 4
消費者の選択行動のモデル化

　本章では，消費者の選択行動をモデル化する際に用いる統計モデル（ロジットモデル）を紹介する．本章で紹介するモデルは，第3章で紹介した集計型市場反応モデルの非集計版とも考えられ，マーケティングでの活用範囲は広く，マーケティングのモデル化で中心的役割を担うものであるため，ぜひ習得してほしい．

4.1　消費者の選択行動とは？

　マーケティング分野には，消費者がスーパーに来店する／来店しない，ユーザーがWebサイトに訪れる／訪れない，ある商品カテゴリに分類される商品から1商品だけを選択する，など消費者のさまざまな選択行動が存在する．図4.1には，消費者の買物行動を例に選択行動の階層構造を示した．買物行動だけに限定し大ざっぱに考えても，消費者は店舗選択，来店選択，カテゴリ購買選択およびブランド選択という4つの選択を行う．消費者の選択行動のモデル化は，消費者意思決定のモデル化と同値である．図4.2には，消費者選択行動のモデル化の構図を示した．図に示すように，消費者の選択行動のモデル化は「消費者意思決定のメカニズムのモデル化」と「意思決定メカニズムと選択結果の関係性のモデル化」の2つのステップで実現する．また，図4.1に示したような選択行動を示す変数（目的変数）は，1.3.2項に示した変数の分類でいえば，名義変数であり，その変数に対応する枠組みでモデル化する（詳細は4.2節に示す）．

　以降の議論に先立ち，はじめに記号の整理をする．$y_{i,t}$は個人iの時点tでの選択結果を示す変数で，$y_{i,t} = j$ならば個人iが時点tで選択肢jを選択したことを

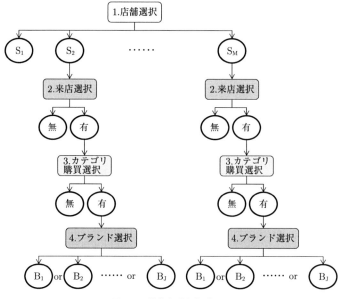

図 4.1 消費者選択行動の例

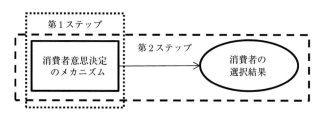

図 4.2 消費者選択行動のモデル化の構図

意味する．一方，$y_{i,t,j}$ は $y_{i,t}$ と同様に個人の選択結果を示すが，こちらは選択された場合 1 を，選択されなかった場合 0 をとるダミー変数である．すなわち，$y_{i,t} = j$ を $y_{i,t,j}$ を用いて表現すると，$(y_{i,t,1}, \ldots, y_{i,t,j}, \ldots, y_{i,t,J}) = (0, \ldots, 1, \ldots, 0)$ となる．J は個人および時点を問わず，選択可能な選択肢の最大数を表す．以下では，$y_{i,t}$ と $y_{i,t,j}$ を適宜使い分けているため，誤解が生じないように注意しておく．

4.2 消費者の効用関数と効用最大化理論

本節では，消費者選択行動のモデル化において重要な役割を演じる効用関数を導入し，この種のモデル化での大前提となる効用最大化理論を説明する．効用関数と効用最大化理論は，図 4.2 の第 1 ステップの処理で必要となる項目である．

4.2.1 消費者の効用関数

マーケティングにおける選択行動モデル化では，「個人が，来店行動や購買行動およびインターネット上での探索行動などのさまざまな行動の意思決定単位であり，個人はある選択状況の中から最も望ましい選択肢を選択する」，と仮定し議論を進める．通常，ある選択肢のもつ望ましさを効用と呼ぶ潜在変数で表現する．効用の定式化では，その選択肢に対する「マーケティング活動によって規定される部分」と「個人のおかれている状況によって規定される部分」（この両者が後述の効用の確定項を構成する）および「確率的成分」によって違いが生じる，と考える．たとえば，消費者の選択行動の 1 つであるブランド選択行動の場合，マーケティング活動によって規定される部分には値引やプロモーションなどが，個人のおかれている状況によって規定される部分には，個人の嗜好性や特定ブランドに対するロイヤルティなどが対応する．また，確率的変動成分は，ある確率分布に従う確率変数で表現する．式 (4.1) が効用関数の一般形である．

$$U_{i,t,j} = V_{i,t,j} + \varepsilon_{i,t,j} \\ = x^0_{i,t,j}\beta_0 + x^1_{i,t,j}\beta_1 + \cdots + x^p_{i,t,j}\beta_p + \varepsilon_{i,t,j} \quad (4.1)$$

$x^0_{i,t,j}, x^1_{i,t,j}, \ldots, x^p_{i,t,j}$（通常，$x^0_{i,t,j=1}$）は効用の確定項を構成する，個人 i の時点 t での選択肢 j に対する説明変数を示し，$\beta_0, \beta_1, \ldots, \beta_p$ はその影響度を示すパラメータである．

式 (4.1) の効用関数を用いて，消費者の意思決定メカニズムを表現する．その際用いるのが，4.2.2 項に示す効用最大化理論である．

4.2.2 効用最大化理論

本項では,効用最大化理論を定式化する.効用最大化理論では,「消費者の選択行動では,各個人がその時点で選択可能な選択肢の中から自身にとって最大の効用を与える選択肢をだいたいにおいて選ぶ(合理的選択行動)」と考える.

はじめに,式 (4.1) に基づき消費者の合理的選択行動を定式化する.個人 i が時点 t で選択可能な選択肢の集合を $A_{i,t}$ とし,その中に含まれている選択肢 j を選択することによって得られる効用を $U_{i,t,j}$ とする.この場合,個人 i が時点 t で選択肢 j を選ぶ条件(合理的選択行動の条件)は,任意の $k(\neq j)$ に対して,式 (4.2) と表現できる.

$$U_{i,t,j} > U_{i,t,k}; j \neq k, \quad j,k \in A_{i,t} \tag{4.2}$$

効用最大化理論によると,個人 i が時点 t で選択肢 j を選択する確率 $p_{i,t,j}$ は,式 (4.3) になる.

$$\begin{aligned} p_{i,t,j} &= \Pr\left(U_{i,t,j} > \max_{j \neq k, j,k \in A_{i,t}} U_{i,t,k}\right) \\ &= \Pr\left(V_{i,t,j} + \varepsilon_{i,t,j} > \max_{j \neq k, j,k \in A_{i,t}} (V_{i,t,k} + \varepsilon_{i,t,k})\right) \end{aligned} \tag{4.3}$$

ただし,$0 \leq p_{i,t,j} \leq 1$,$\sum_{j \in A_{i,t}} p_{i,t,j} = 1$ を満たす.この $p_{i,t,j}$ 全体を表す確率モデルのことを以下では単に離散選択モデルと呼ぶことにする.式 (4.3) は,効用の確率項 $\varepsilon_{i,t,j}$ の分布の仮定の違いで,異なる種類の離散選択モデルとなる.

1 つ目のタイプの離散選択モデルを説明するために,極値分布の一種であるガンベル分布を導入する.式 (4.4) がガンベル分布の確率密度関数である.

$$f(\varepsilon_{i,t,j}|\omega,\eta) = \omega \exp\left(-\omega\left(\varepsilon_{i,t,j} - \eta\right)\right) \exp\left(-\exp\left(-\omega\left(\varepsilon_{i,t,j} - \eta\right)\right)\right) \tag{4.4}$$

ガンベル分布では,最頻値(モード)が η,平均値が $\eta + (\gamma/\omega)$(γ はオイラー定数であり,≈ 0.577)および分散が $\pi^2/6\omega^2$ になる.

式 (4.1) の $\varepsilon_{i,t,j}$ が時点 t に関して独立に同一の $\eta = 0$,$\omega = 1$ のパラメータ値をもつガンベル分布に従うものと仮定した場合,導出される離散選択モデルはロジットモデルと呼ばれる.図 4.3 はそのガンベル分布($\eta = 0$, $\omega = 1$,記号。で示す)と標準正規分布(実線)の比較である.ガンベル分布のほうが正

4.2 消費者の効用関数と効用最大化理論

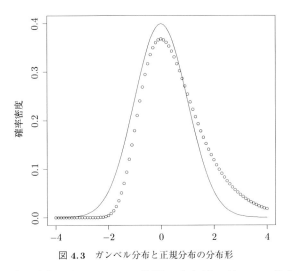

図 4.3 ガンベル分布と正規分布の分布形

の領域で裾が重い分布になっている．効用の確率項にガンベル分布を仮定する理由は，取り扱いがきわめて容易なロジットモデルを導出でき，かつ，図 4.3 に示すようにガンベル分布が正規分布の近似とみなすことができるからである．それ以外にガンベル分布を仮定することに合理的な理由はない．

次に 2 つ目のタイプの離散選択モデルを説明するために，多変量正規分布を導入する．式 (4.5) が多変量正規分布の確率密度関数である．

$$f(\boldsymbol{\varepsilon}|\boldsymbol{\mu}, \boldsymbol{\Sigma}) = (2\pi|\boldsymbol{\Sigma}|)^{-\frac{J}{2}} \exp[-(\boldsymbol{\varepsilon}-\boldsymbol{\mu})^t \boldsymbol{\Sigma}^{-1}(\boldsymbol{\varepsilon}-\boldsymbol{\mu})] \quad (4.5)$$

ここで，$\boldsymbol{\mu}$ および $\boldsymbol{\Sigma}$ は平均ベクトル，分散共分散行列をそれぞれ示す．

式 (4.1) の J 個の確率的変動成分をまとめた $\boldsymbol{\varepsilon} = (\varepsilon_{i,t,1}, \ldots, \varepsilon_{i,t,J})$ が多変量正規分布に従うものと仮定した場合，式 (4.3) の離散選択モデルはプロビットモデルになる．プロビットモデルもロジットモデル同様，効用最大化理論に基づくモデルである．ただし，プロビットモデルは，ロジットモデルのように式 (4.3) の具体的な計算の結果が解析的な形式で与えられずに J 次元の数値積分が残ってしまう．そのため，消費者の選択可能な選択肢数が多くなると選択確率の計算のために高次元の積分をしなければならず，単純にはその扱いが困難である．

4.2 節では，ロジットモデルの詳細を説明する．プロビットモデルは，最尤法の枠組みで推定することが基本的に困難であるため，モデルの概要のみを本

章末の［発展］に示すにとどめる．その詳細はたとえば佐藤・樋口 (2013)，照井 (2010) などを参照してほしい．

4.3 非集計ロジットモデル

本節では，ロジットモデルおよびネスティッドロジットモデル（階層ロジットモデル）を説明し，ロジットモデルによる消費者ブランド選択行動の解析事例を紹介する．

4.3.1 ロジットモデルとネスティッドロジットモデル

a. ロジットモデル

ロジットモデルは，4.2.2 項に示した効用最大化理論に基づき，効用の誤差項に独立のガンベル分布を仮定すれば導出できる．ここで，選択可能な選択肢は J 個あるものと仮定する．式 (4.6) が，個人 i の時点 t での選択肢 j の選択確率（多項ロジットモデルと呼ばれる統計モデルになる）になる．

$$p_{i,t,j} = \Pr(y_{i,t} = j) = \frac{\exp(V_{i,t,j})}{\exp(V_{i,t,1}) + \cdots + \exp(V_{i,t,J})} \quad (4.6)$$

式 (4.2) に要請された 2 つの制約，$0 \leq p_{i,t,j} \leq 1$ と $\sum_{j=1}^{J} p_{i,t,j} = 1$ を満たしていることがわかる．特に，2 つ目の制約によって，$p_{i,t,J} = 1 - \sum_{j=1}^{J-1} p_{i,t,j}$ となる．すなわち，$J-1$ 個の選択確率がわかれば，残り 1 つの選択確率は自動的に決まる．なお，$J=2$ の場合のロジットモデルを二項ロジットモデル，$3 \leq J$ の場合のロジットモデルを多項ロジットモデルと呼ぶ．

式 (4.6) に示すロジットモデルは，式 (4.1) 右辺の効用の確定項だけの関数で，非常に単純な構造である．そのため，活用範囲は非常に広く，マーケティング分野では数多くの採用事例がある．

b. IIA 特性

ロジットモデルは，その構造上，選択確率に対して現実的ではない評価を行ってしまう本質的な問題を有している．それは，**選択確率比の文脈独立**あるいは **IIA** (Independence from Irrelevant Alternatives) 特性と呼ばれる問題で，一般に好ましくない特性として認識されているものである．IIA 特性は，「2 つの

選択肢の選択確率の比率が，他の選択肢の効用の確定項から影響されない」，という性質をさす．具体的には，図 4.4 でこの問題を考えてみることにする．ここでは例として，3 つの飲料のブランド A（コーラ），B（ジュース），C（お茶）の選択を考える．各選択肢の効用は，$\exp(V_A) : \exp(V_B) : \exp(V_C) = 1 : 2 : 1$ とする．この場合，各ブランドの選択確率は $p_A = 0.25$, $p_B = 0.5$, $p_C = 0.25$ になる（式 (4.6)）．ここで，新たなブランド D（お茶）が市場に導入され，効用は $\exp(V_A) : \exp(V_B) : \exp(V_C) : \exp(V_D) = 1 : 2 : 1 : 1$ となるものとしよう（当然，ブランド A，B，C の効用は変化しない）．この設定下で再度式 (4.6) のロジットモデルに従い各ブランドの選択確率を計算すると，$p_A = 0.2$, $p_B = 0.4$, $p_C = 0.2$, $p_D = 0.2$ になり，ブランド A，B，C は当初の選択確率の 0.8 倍になっている（別の $\exp(V_d)$ の設定でも同様の結果になる）．これが前述の IIA 特性の例である．このすべての選択肢が同じ割合だけ変化する構造が，選択確率に対して現実の状況から乖離した制約を課してしまう．現実を反映した構造ならば，ブランド D に特性が近いと考えられるブランド C の選択確率だけが大きく減少し，ブランド A，B の選択確率は大きく変化しないはずである．その意味で IIA 特性を回避し，現実に即した状況を表現可能なモデル

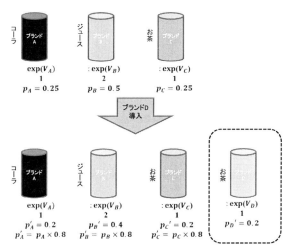

図 4.4　IIA 特性
ブランド D が市場に導入されたとき，ブランド A, B, C の選択確率が同じ割合で変化する．

を考えなければならない．IIA 特性を緩和するには，行動間の階層性を明示的に表現したモデル（ネスティッドロジットモデル）でモデル化すればよい．

c. ネスティッドロジットモデル

図 4.5 に，ロジットモデルからネスティッドロジットモデルへの拡張の考え方を示した．ロジットモデルでは，図 4.5 の上段に示すように，4つのブランドが横並びで選択されると仮定する．したがって，もし選択肢集合中に，選択行動に影響する何らかの類似性を有する部分集合が存在する場合，IIA 特性によって前述したような非現実的な選択確率構造評価が必ず生じる．ネスティッドロジットモデルでは，それを回避するために第 1 階層でブランド C とブランド D を括った（お茶）と，ブランド A（コーラ）およびブランド B（ジュース）の選択問題を考える．その次に，第 2 階層で，ブランド C とブランド D のお茶間の選択を考える．このように選択肢間の類似性を明示的にモデル内に取り込むことで，IIA 特性の問題を軽減できる．

以降には，ネスティッドロジットモデルの定式化を示す．第 1 階層の選択肢数は J 個とし，任意の選択肢 j は第 2 階層で K_j 個の選択肢をもつと仮定する．

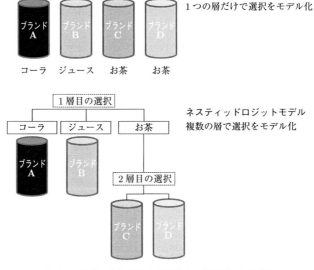

図 4.5 ロジットモデルとネスティッドロジットモデル

$y_{i,t}$ は個人 i の時点 t における第 1 階層の選択結果を示す変数で，$y_{i,t|j}$ は個人 i の時点 t における第 1 階層で選択肢 j を選択した場合の第 2 階層の選択結果を示す変数とする．選択の階層性を仮定する場合，われわれの興味は $y_{i,t}$ と $y_{i,t|j}$ の同時生起確率，$\Pr\left(y_{i,t}=j,\ y_{i,t|j}=k\right)$ を評価することである．同時生起確率は，条件付確率の公式によって式 (4.7) に示すように分解できる．

$$\Pr\left(y_{i,t}=j, y_{i,t|j}=k\right) = \Pr\left(y_{i,t|j}=k|y_{i,t}=j\right)\Pr\left(y_{i,t}=j\right) \quad (4.7)$$

ネスティッドロジットモデルでは，ロジットモデルの名前をもつように，$\Pr\left(y_{i,t}=j\right)$ と $\Pr\left(y_{i,t|j}=k|y_{i,t}=j\right)$ をどちらも式 (4.6) の形式で定式化する．はじめに式 (4.8) で第 1 階層，第 2 階層の効用を定式化する．

$$\begin{aligned} U_{i,t,j} &= V_{i,t,j} + \varepsilon_{i,t,j}, & \text{第 1 階層の効用} \\ U_{k|i,t,j} &= V_{k|i,t,j} + \varepsilon_{k|i,t,j}, & \text{第 2 階層の効用} \end{aligned} \quad (4.8)$$

ここで問題になるのは，第 1 階層の効用である $U_{i,t,j}$ の構造である．天下り的に結論から先に示せば，$U_{i,t,j}$ は**第 2 階層の選択の如何によらず無関係に変動する部分**と**第 2 階層の選択結果に影響を受けて変動する部分**の和として，式 (4.9) で表現できる．

$$\begin{aligned} U_{i,t,j} &= V_{i,t,j} + \varepsilon_{i,t,j} \\ &= V'_{i,t,j} + V^*_{k^*|i,t,j} + \varepsilon'_{i,t,j} + \varepsilon^*_{k^*|i,t,j} \end{aligned} \quad (4.9)$$

$V'_{i,t,j}, \varepsilon'_{i,t,j}$ は第 2 階層の選択の如何によらず無関係に変動する部分の確定項と確率項を示す．また，$V^*_{k^*|i,t,j}, \varepsilon^*_{k^*|i,t,j}$ は第 2 階層の選択結果に影響を受けて変動する部分の確定項と確率項を示す．$V^*_{k^*|i,t,j}$ は具体的に $\lambda \log \sum_{k=1}^{K_j} \exp\left(V_{k|i,t,j}\right)$ で算定できる．ここで λ は，理論上 $0 \leq \lambda \leq 1$ を満たすパラメータになる．ここまでの議論を踏まえると，第 1 階層の選択確率 $p^{(1)}_{i,t,j}$ は式 (4.10)，第 2 階層の選択確率 $p^{(2)}_{k|i,t,j}$ は式 (4.11) と表現できる．

$$\begin{aligned} p^{(1)}_{i,t,j} &= \Pr\left(y_{i,t}=j\right) \\ &= \frac{\exp\left(V'_{i,t,j} + V^*_{k^*|i,t,j}\right)}{\exp\left(V'_{i,t,1} + V^*_{k^*|i,t,1}\right) + \cdots + \exp\left(V'_{i,t,J} + V^*_{k^*|i,t,J}\right)} \end{aligned} \quad (4.10)$$

$$\begin{aligned} p^{(2)}_{k|i,t,j} &= \Pr\left(y_{i,t|j}=k|y_{i,t}=j\right) \\ &= \frac{\exp\left(V_{k|i,t,j}\right)}{\exp\left(V_{1|i,t,j}\right) + \cdots + \exp\left(V_{K_j|i,t,j}\right)} \end{aligned} \quad (4.11)$$

4.3.2　ロジットモデルとネスティッドロジットモデルの推定法

本項には，ロジットモデルおよびネスティッドロジットモデルの推定法を示す．いずれのモデルとも最尤法で推定できる．

a.　ロジットモデルの尤度

式 (4.6) の多項ロジットモデルの尤度関数を示すために，個人は I 人おり，個人 i から T_i 個の選択行動に関するデータを得ており，選択可能な選択肢の数は J 個と仮定する．さらに，個人間の選択は独立で，個人内の各時点の選択も独立だと仮定する．この場合，式 (4.12) が，ロジットモデルの尤度になる．

$$\begin{aligned} L(\boldsymbol{\theta}) &= \prod_{i=1}^{I}\prod_{t=1}^{T_i} p_{i,t,1}^{y_{i,t,1}} \cdots p_{i,t,J}^{y_{i,t,J}} \\ &= \prod_{i=1}^{I}\prod_{t=1}^{T_i} \left[\frac{\exp(V_{i,t,1})}{\exp(V_{i,t,1})+\cdots+\exp(V_{i,t,J})}\right]^{y_{i,t,1}} \times \cdots \\ &\quad \times \left[\frac{\exp(V_{i,t,J})}{\exp(V_{i,t,1})+\cdots+\exp(V_{i,t,J})}\right]^{y_{i,t,J}} \end{aligned} \quad (4.12)$$

パラメータ $\boldsymbol{\theta}$ は，最尤法により，式 (4.12) の対数（対数尤度）を最大化するパラメータとして推定する．

b.　ネスティッドロジットモデルの尤度

式 (4.10) と式 (4.11) で示すネスティッドロジットモデルの尤度を示すために，個人は I 人おり，それぞれの個人 i から T_i 個のデータを得ており，第 1 階層で選択可能な選択肢の数は J 個，第 2 階層で選択可能な選択肢の数は K_j 個とする．さらに，個人間の選択は独立で，個人内の各時点の選択も独立だと仮定する．この場合，ネスティッドロジットモデルの尤度は式 (4.13) となる．十分な理解のために，1 層の多項ロジットモデルの尤度関数の式 (4.12) ともよく見比べてほしい．

$$L(\boldsymbol{\theta}) = \prod_{i=1}^{I}\prod_{t=1}^{T_i}\prod_{j=1}^{J}\left[(p_{i,t,j}^{(1)}\left(p_{1|i,t,j}^{(2)}\right)^{y_{1|i,t,j}}\cdots\left(p_{K_j|i,t,j}^{(2)}\right)^{y_{K_j|i,t,j}}\right]^{y_{i,t,j}}$$

$$= \prod_{i=1}^{I}\prod_{t=1}^{T_i}\prod_{j=1}^{J}$$

$$\times\left\{\frac{\exp\left(V'_{i,t,j}+V^*_{k^*|i,t,j}\right)}{\exp\left(V'_{i,t,1}+V^*_{k^*|i,t,1}\right)+\cdots+\exp\left(V'_{i,t,J}+V^*_{k^*|i,t,J}\right)}\right. \quad (4.13)$$

$$\times\left[\frac{\exp\left(V_{1|i,t,j}\right)}{\exp\left(V_{1|i,t,j}\right)+\cdots+\exp\left(V_{K_j|i,t,j}\right)}\right]^{y_{1|i,t,j}}\times\cdots$$

$$\left.\times\left[\frac{\exp\left(V_{K_j|i,t,j}\right)}{\exp\left(V_{1|i,t,j}\right)+\cdots+\exp\left(V_{K_j|i,t,j}\right)}\right]^{y_{K_j|i,t,j}}\right\}^{y_{i,t,j}}$$

ロジットモデルのパラメータ推定と同様に最尤法により，式 (4.13) の対数（対数尤度）を最大化するようにパラメータ $\boldsymbol{\theta}$ を推定する．

4.3.3 ロジットモデルの分析例

a. データの状況

本項には，ロジットモデルを用いたブランド選択行動の分析事例を紹介する．事例では，3つの醬油の商品（ナショナルブランド 2 つ，プライベートブランド 1 つ）の ID 付 POS データを用いる．モデル化に先立ち，探索的にデータを分析する．図 4.6 には，上記 3 商品の購買回数比率の分布状況を示した．個人ごとに 3 商品の購買回数シェア（商品ごとの購買回数 ÷ 総購買回数）を算定し，その比率を商品ごとに箱ひげ図として示した．各商品ともシェアが高い顧客がいる一方で，シェアが低い顧客もいる．また，中央値（図中，太線）で判定すれば商品 2 > 商品 3 > 商品 1 の順で購買シェアが低下する傾向である．対象 3 商品は競合関係にあると判断できる．

図 4.7 には，各商品選択時の 3 商品の価格掛率（対象商品の売価 ÷ 対象商品の期間最大売価）の平均を示した．商品 1 と 2 が選択されている場合，対象商品の売価は下がっているとわかる．商品 3 はプライベートブランドであり，売価の変動が小さいためその傾向は見られない．

図 4.8 には，購買時の 3 商品の山積み陳列実施状況（上段）とチラシ掲載状

52   4. 消費者の選択行動のモデル化

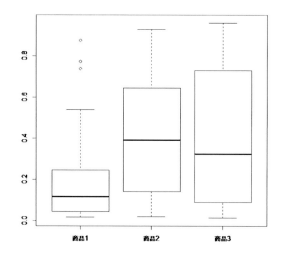

図 4.6　商品ごと購買回数比率の分布

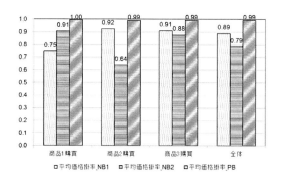

図 4.7　商品ごと購買時の平均価格掛率

況（下段）別の選択商品比率を示した．図中，（実施，実施，非実施）というラベルは，商品 1，商品 2，商品 3 の山積み陳列またはチラシ掲載の有無を示している．ただし，商品 3 に関してはチラシ掲載実績がなかったため，すべて非実施になっている．基本的には，対象商品が山積み陳列された，チラシ掲載された（商品 1，2 のみ）場合に，当該商品が選択される傾向にある．ただし，山積み陳列に関しては，自身の山積み陳列だけでなく，他の商品の山積み陳列状況によって，消費者の選択に差が生じる．

4.3 非集計ロジットモデル

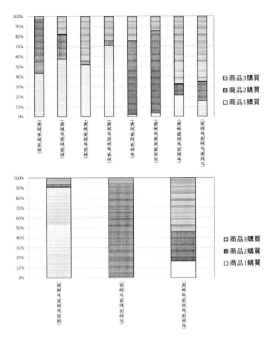

図 4.8 購買時の山積み陳列実施状況(上段)とチラシ掲載状況(下段)

以上を総括すると，下記の囲みのように整理できる．

探索的なデータ分析からの知見

1) 対象の3つの商品は競合状況にある
2) 値引は商品の選択のされやすさに影響する
3) 山積み陳列が実施された商品が選択されやすくなるが，他の商品の実施状況によりその程度は変動する
4) チラシに掲載されると商品が選択されやすくなる

探索的なデータ分析は，現実を反映したモデル化を実現するために行ったもので，この段階で消費者のブランド選択行動が精緻に分析できているわけではない．明らかにしたいのは，消費者のブランド選択行動メカニズムであり，さらにいえば消費者の選択行動に対して，プロモーションがどの程度影響するかを計量的に評価することである．本項では，消費者のブランド選択行動を式(4.6)のロジットモデルの枠組みでモデル化する．

b. モデル

表 4.1 には，以降のモデルで用いる記号を整理した．式 (4.14) が 4.2.1 項の議論に基づく，効用関数になる．

$$\begin{aligned}
U_{i,t,1} &= \beta_1 x^1_{i,t,1} + \beta_2 x^2_{i,t,1} + \beta_3 x^3_{i,t,1} + \beta_4 + \varepsilon_{i,t,1} \\
U_{i,t,2} &= \beta_1 x^1_{i,t,2} + \beta_2 x^2_{i,t,2} + \beta_3 x^3_{i,t,2} + \beta_5 + \varepsilon_{i,t,2} \\
U_{i,t,3} &= \beta_1 x^1_{i,t,3} + \beta_2 x^2_{i,t,3} \phantom{+\beta_3 x^3_{i,t,3} + \beta_5} + \varepsilon_{i,t,3}
\end{aligned} \quad (4.14)$$

β_4 および β_5 は定数項ダミーであり，識別性の観点から（選択肢数 -1）しかモデル内に取り込めない．本事例モデルでは，商品 1 および 2 に定数項ダミーを導入し，効用関数を定式化した．式 (4.15) には，式 (4.14) の右辺から効用の確定項を抜き出して示した．

$$\begin{aligned}
V_{i,t,1} &= \beta_1 x^1_{i,t,1} + \beta_2 x^2_{i,t,1} + \beta_3 x^3_{i,t,1} + \beta_4 \\
V_{i,t,2} &= \beta_1 x^1_{i,t,2} + \beta_2 x^2_{i,t,2} + \beta_3 x^3_{i,t,2} + \beta_5 \\
V_{i,t,3} &= \beta_1 x^1_{i,t,3} + \beta_2 x^2_{i,t,3}
\end{aligned} \quad (4.15)$$

$\varepsilon_{i,t,j}$ がガンベル分布に従うと仮定すると，式 (4.6) に示したロジットモデルで定式化できたことになる．

c. モデル推定結果

表 4.2 にはモデルの推定結果を示した．本解析事例では，b で説明したモデル（モデル 1：フルモデル）および他の 7 つのモデル（モデル 2 から 8）を推定し，AIC（式 (2.4)）でモデル比較を行った．モデル 2 から 8 は，モデル 1 から表 4.2 で空白になっている変数を除いたモデルである．表中に示すようにモデル 1 の AIC が最小であり，仮定したモデルの中ではモデル 1 が最も妥当なモデルである．以降はモデル 1 の推定結果に基づき，説明を続ける．

モデル 1 のパラメータ推定結果は，いずれも $|t\text{-値}| > 1.96$ となっており，有意水準 5%（以上）で統計的に有意である．そのため，検討したいずれの変数も

表 **4.1** 線形回帰モデルで用いる変数

変数	説明 ($j = 1, 2, 3$)
$y_{i,t}$	個人 i の購買時点 t での選択結果
$x^1_{i,t,j}$	個人 i の購買時点 t の商品 j の価格掛率の対数
$x^2_{i,t,j}$	個人 i の購買時点 t の商品 j の山積み陳列実施の有無（実施 1，非実施 0）
$x^3_{i,t,j}$	個人 i の購買時点 t の商品 j のチラシ掲載の有無（掲載 1，非掲載 0）
$\beta_1, \ldots, \beta_5$	パラメータ

4.3 非集計ロジットモデル

表 **4.2** ロジットモデルの推定結果

モデル	統計量	log(価格掛率)	山積み	チラシ	定数項 1	定数項 2	対数尤度	AIC
1	推定値	−7.4821	0.3072	0.8198	−2.1572	−2.3183	−2357.77	4725.53
	t-値	−26.0884	4.0548	5.0922	−28.8403	−27.2555		
2	推定値	−8.2126	0.3252		−2.2255	−2.4347	−2371.85	4751.71
	t-値	−31.6534	4.2767		−29.9821	−28.8382		
3	推定値	−8.0062		0.8470	−2.2985	−2.4224	−2366.03	4740.07
	t-値	−30.6150		5.2557	−34.0824	−29.6714		
4	推定値		1.2684	2.7991	−0.9477	−0.6599	−2865.71	5739.42
	t-値		20.1016	19.7488	−17.7755	−14.5680		
5	推定値	−8.8044			−2.3792	−2.5517	−2381.06	4768.12
	t-値	−39.1836			−35.9571	−31.7728		
6	推定値			3.6311	−1.1928	−0.6348	−3090.57	6187.13
	t-値			26.6213	−23.3159	−14.9835		
7	推定値		2.6900		−1.4935	−1.3052	−2894.72	5795.43
	t-値		38.8552		−27.0911	−23.8529		
8	推定値				−0.9677	−0.0639	−3833.36	7670.73
	t-値				−20.3935	−1.7861		

ブランド選択に有意に影響していると判断できる.また,符号条件も $\beta_1 < 0$, $\beta_2, \beta_3 > 0$ となっており,事前の想定したものと整合的な結果である.

表 4.2 に示したパラメータは,潜在変数である効用 $U_{i,t,j}$ に対する影響度を示すものであり,観測データ $y_{i,t}$ の発生確率に対する直接的な影響度を示すものではない.説明変数の $y_{i,t}$ に対する影響度を評価するには,説明変数が連続変数なのか離散変数なのかで分かれるが,以下のように評価すればよい.

説明変数が連続変数の場合

以下は,価格掛率 $\hat{x}^1_{i,t,j}(= \exp(x^1_{i,t,j}))$ を例に説明する.すなわち,$\hat{x}^1_{i,t,j}$ は価格掛率であり,$x^1_{i,t,j}$ は対数変換した価格掛率を示す.われわれが評価したいのは,$\hat{x}^1_{i,t,j}$ が $p_{i,t,j} = \Pr(y_{i,t} = j|\boldsymbol{\beta})$ に与える影響度である.具体的には,式 (4.16) 示す価格弾力性を算定し,評価することになる.なお,第 3 章で説明した価格弾力性とは異なる(第 3 章は点数 PI に対する価格弾力性)ため,注意してほしい.

$$\eta_j = \frac{\frac{dp_{i,t,j}}{p_{i,t,j}}}{\frac{d\widehat{x}^1_{i,t,j}}{\widehat{x}^1_{i,t,j}}} = \frac{dp_{i,t,j}}{dx^1_{i,t,j}} \cdot \frac{dx^1_{i,t,j}}{d\widehat{x}^1_{i,t,j}} \cdot \frac{\widehat{x}^1_{i,t,j}}{p_{i,t,j}} \quad (4.16)$$

$$= \beta_1 p_{i,t,j}(1 - p_{i,t,j}) \cdot \frac{1}{\widehat{x}^1_{i,t,j}} \cdot \frac{\widehat{x}^1_{i,t,j}}{p_{i,t,j}}$$

$$= \beta_1(1 - p_{i,t,j})$$

式 (4.16) で定義される η_j は，商品 j の価格掛率 $\widehat{x}^1_{i,t,j}$ が 1% 変化した場合に，商品 j の選択確率 $p_{i,t,j}$ が何 % 変化するかを示す指標になる．

説明変数が離散変数の場合

上記で説明した連続変数の場合とは異なり，その変数で微分できない．この場合，オッズ比と呼ぶ確率比を用いれば，選択確率の変化を評価できる．式 (4.6) に示したロジットモデルを $j = 1$ を基準とし，分母分子を $\exp(V_{i,t,1})$ で割ると，ロジットモデルが式 (4.17) で表現できる．

$$\begin{aligned} p_{i,t,1} &= \Pr(y_{i,t} = 1) = \frac{1}{1 + \sum_{k=2}^{J} \exp(V_{i,t,k} - V_{i,t,1})} \\ p_{i,t,j} &= \Pr(y_{i,t} = j) = \frac{exp(V_{i,t,j} - V_{i,t,1})}{1 + \sum_{k=2}^{J} \exp(V_{i,t,k} - V_{i,t,1})}, \quad j = 2, \ldots, J \end{aligned} \quad (4.17)$$

式 (4.17) を前提に，選択確率に対するある離散説明変数の効果をどのように評価するかを示す．はじめに，式 (4.18) で示すオッズ OD を導入する．

$$\mathrm{OD} = \frac{p_{i,t,j}}{p_{i,t,1}} = \exp(V_{i,t,j} - V_{i,t,1}) \quad (4.18)$$

さらに，1 つの離散説明変数だけが異なる説明変数のセットで，それぞれ算定できる OD（ベースの OD を $\mathrm{OD}^{(1)}$，他方を $\mathrm{OD}^{(2)}$ とすると），式 (4.19) でオッズ比 OR が算定できる．

$$\mathrm{OR} = \frac{\mathrm{OD}^{(2)}}{\mathrm{OD}^{(1)}} = \exp\left[\left(V^{(2)}_{i,t,j} - V^{(2)}_{i,t,1}\right) - \left(V^{(1)}_{i,t,j} - V^{(1)}_{i,t,1}\right)\right] \quad (4.19)$$

ここでベースである商品 1 では説明変数に変化がなく，仮にブランド j の山積み陳列実施のみが 0 $\longrightarrow$ 1 と変化したと仮定すると，式 (4.19) は最終的に $\exp(\beta_2)$ となる．OR を算定すれば，ある説明変数（ダミー変数）の変化でその商品が何倍選択されやすくなるかが評価できる．

発展：非集計プロビットモデル

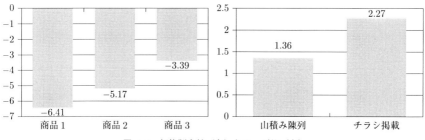

図 4.9 価格弾力性（左）とオッズ比（右）

図 4.9 には，すべての商品の平均価格掛率を用いて算定した商品ごとの価格弾力性（上段）とオッズ比（下段）を示した．価格弾力性は，絶対値の意味で商品 1 が最も大きく，商品 2，商品 3 の順で小さくなる．オッズ比は，山積み陳列よりもチラシの掲載のほうが大きい．このように価格弾力性（連続変数）やオッズ比（離散変数）で評価すれば，表 4.2 のパラメータの解釈がより鮮明にできる．

■まとめと文献紹介

本章では，消費者の選択行動のモデル化で用いられることの多い，ロジットモデル，ネスティッドロジットモデルを解説し，多項ロジットモデルの分析事例を紹介した．マーケティング分野では，消費者の選択行動のモデル化は最重要の技法といっても過言ではない．本章の内容は，より実践的な選択行動のモデル化を視野に入れた場合，必ず知っておかなければならない事項である．十分に理解を深めてほしい．

離散選択モデルは，マーケティング研究において活用例が多数あり，多くの書籍で紹介されている．基礎的なものに限定しても，照井ほか (2009)，照井・佐藤 (2013)，里村 (2010, 2014) などがある．また，マーケティング分野を題材にしているわけではないが，土木学会土木計画学研究委員会 (1996) は参考になる．本章では触れていないが，離散選択モデルのベイジアンモデリングに関しては，本書の 8.2 節までや照井 (2008, 2010)，里村 (2010)，佐藤・樋口 (2013) などを参考にしてほしい．

[発展] 非集計プロビットモデル

ここでは，代表的な離散選択モデルの 1 つであるプロビットモデルの概略を紹介する．発展的な内容であるため，読み飛ばしても以降の理解に差し支えはない．

プロビットモデルは，式 (4.1) の右辺の確率項に j に関して独立性の仮定をおかず多変量正規分布に従うと仮定し導出する．そのため，ロジットモデルで生じる 4.3.1 項 b に示した IIA 特性はそもそも生じない．つまり，選択肢の効用間の独立性を仮定せず，相関を明示的に考慮するのである．ただし，プロビットモデルはモデルの識別性の観点から，ある基準選択肢を決め，その基準選択肢の効用と対象選択肢の効用の差を用いてモデルの定式化を行う．具体的にいえば，選択肢数が J 個存在し，選択肢 J を基準選択肢と仮定した場合，相対効用 $u_{i,t,j} = U_{i,t,j} - U_{i,t,J}$ を用いてモデル化するのである．式 (4.20) が，個人 i の時点 t での選択肢 j の選択確率（多項プロビットモデル）になる．下記では，$\boldsymbol{u}_{i,t} = (u_{i,t,1}, \ldots, u_{i,t,J-1})$ とする．

$$\begin{aligned}
p_{i,t,j} &= \Pr(y_{i,t} = j | \boldsymbol{\beta}, \boldsymbol{\Sigma}_u) \\
&= \Pr\left(\boldsymbol{u}_{i,t} \in \boldsymbol{R}_{i,t,j}^{J-1} | \boldsymbol{\beta}, \boldsymbol{\Sigma}_u\right) \\
&= \int_{\boldsymbol{R}_{i,t,j}^{J-1}} p(\boldsymbol{u}_{i,t} | \boldsymbol{\beta}, \boldsymbol{\Sigma}_u) \, d\boldsymbol{u}_{i,t} \\
&= \int_{\boldsymbol{R}_{i,t,j}^{J-1}} \frac{\exp\left\{-\frac{1}{2}\left(\boldsymbol{u}_{i,t} - \boldsymbol{x}_{i,t}^t \boldsymbol{\beta}\right)^t \boldsymbol{\Sigma}_u^{-1} \left(\boldsymbol{u}_{i,t} - \boldsymbol{x}_{i,t}^t \boldsymbol{\beta}\right)\right\}}{(2\pi)^{(J-1)/2} |\boldsymbol{\Sigma}_u|^{1/2}} \, d\boldsymbol{u}_{i,t}
\end{aligned} \quad (4.20)$$

ただし，$\boldsymbol{\Sigma}_u$ は式 (4.21) で定義する．$(1,1)$ 成分を 1 に固定した行列である．この行列形式の必要性はモデルの識別性の観点から導出される．

$$\boldsymbol{\Sigma}_u = (J-1 \, \text{列}) \overbrace{\begin{pmatrix} 1 & \sigma_{1,2} & \cdots & \sigma_{1,J-1} \\ \sigma_{1,2} & \sigma_{2,2} & \cdots & \sigma_{2,J-1} \\ \vdots & \vdots & \ddots & \vdots \\ \sigma_{1,J-1} & \sigma_{2,J-1} & \cdots & \sigma_{J-1,J-1} \end{pmatrix}}^{(J-1 \, \text{行})} \quad (4.21)$$

また，積分範囲を示す $\boldsymbol{R}_{i,t}^{J-1}$ は式 (4.22) で与える．

$$\boldsymbol{R}_{i,t,j}^{J-1} = \begin{cases} j \text{ 以外のすべての } k \text{ に対して，} & u_{i,t,j} > u_{i,t,k} \text{ かつ } u_{i,t,j} > 0 \text{ の領域,} \\ & (y_{i,t} = j \, (\neq J) \text{ のとき}) \\ \text{すべての } k \text{ に対して，} & u_{i,t,k} < 0 \text{ の領域,} (y_{i,t} = J \text{ のとき}) \end{cases} \quad (4.22)$$

ロジットモデル同様にプロビットモデルでも，式 (4.3) に要請された 2 つの制約，$0 \leq p_{i,t,j} \leq 1$ と $\sum_{j=1}^{J} p_{i,t,j} = 1$ を満たす．特に，2 つ目の制約に

よって（一般性を失うことなく），$p_{i,t,J} = 1 - \sum_{j=1}^{J-1} p_{i,t,j}$ となる．すなわち，$J-1$ 個の選択確率がわかれば，残り 1 つの選択確率は自動的に決まる．この点はロジットモデルと同様である．なお，$J=2$ の場合のプロビットモデルを二項プロビットモデル，$3 \leq J$ の場合のプロビットモデルを多項プロビットモデルと呼ぶ．

多項プロビットモデルの尤度関数を示すために，個人は I 人おり，それぞれの個人 i から T_i 個のデータを得ており，選択可能な選択肢の数は J 個とする．さらに，各個人の選択は独立で，個人内の各時点の選択間にも独立を仮定する．この場合，多項プロビットモデルの尤度関数は，式 (2.1) に示す「各 Y_t が独立の場合」に相当し，式 (4.23) となる．なお，多項ロジットモデルの尤度関数（式 (4.12)）との違いは，選択確率の表現式だけである．

$$\begin{aligned} L(\theta) &= \prod_{i=1}^{I} \prod_{t=1}^{T_i} p_{i,t,1}^{y_{i,t,1}} \cdots p_{i,t,J}^{y_{i,t,J}} \\ &= \prod_{i=1}^{I} \prod_{t=1}^{T_i} \left(\int_{R_{i,t,1}^{J-1}} p(\boldsymbol{u}_{i,t}|\boldsymbol{\beta}, \boldsymbol{\Sigma}) d\boldsymbol{u}_{i,t} \right)^{y_{i,t,1}} \times \cdots \\ &\quad \times \left(\int_{R_{i,t,J}^{J-1}} p(\boldsymbol{u}_{i,t}|\boldsymbol{\beta}, \boldsymbol{\Sigma}) d\boldsymbol{u}_{i,t} \right)^{y_{i,t,J}} \end{aligned} \quad (4.23)$$

式 (4.23) に示す尤度に基づき最尤法で $\theta = (\boldsymbol{\beta}, \boldsymbol{\Sigma})$ を推定するのは，複雑な積分領域での正規分布の積分計算をしなければならないため，非常に困難である．プロビットモデルを推定するためには，一般にベイズモデルのパラメータ推定法であるマルコフ連鎖モンテカルロ法（MCMC 法）の助けを借りなければならない．MCMC 法を用いれば，最尤法の困難を回避し比較的容易にパラメータ推定できる．詳細を知りたい読者は，照井 (2008)，佐藤・樋口 (2013) などを参照してほしい．

Chapter 5
新商品の生存期間のモデル化

　本章では，現代のマーケティング実務で重要な役割を担う新商品や顧客の生存期間を分析するための統計モデル（生存期間モデル）を紹介する．解析事例では，新商品の生存期間に焦点を当てる．生存期間分析で扱うデータでは，「打ち切り」という特徴を考えなければならず，第3章や第4章で取り扱ったデータとその処理に違いが生じる．生存期間モデルを理解するには，微分・積分の基礎的な知識が必要なため，多少難しいと感じるかもしれない．注意して読み進めてほしい．

5.1　新商品のマネジメントの重要性とは？

　経済が右肩上がりで成長していた時代，企業の生産・販売様式（ビジネスモデル）は「少品種大量生産・販売」というものであった．消費者は，他人と同じ商品をもち，サービスを享受するだけで高い満足感を得た．しかし，現代の消費者は他人と同じ商品をもち，サービスを享受するだけでは満足しない．この現象は「消費者ニーズの多様化」という言葉で語られることが多い．企業は，消費者ニーズの多様化の認識のもと，ビジネスモデルの変更を余儀なくされている．従来型のビジネスモデルでは，市場で勝ち残ることが困難なのである．消費者ニーズの多様化に対応し，市場での競争優位性の構築を狙って導入されたのが「多品種少量生産・販売」型の生産・販売様式であり，数多くの新商品／新サービスが市場導入されるようになった．消費者ニーズの多様化に対応するという側面だけからみれば，このビジネスモデルは合理的であるが，一方で，新たな課題が生じている．
　前段のビジネスモデルの変化は，「市場の成熟化（市場が成長しない）」のた

め，必然であったともいえる．たとえば，「冷蔵庫がない世帯があるだろうか？」という問いを考えてみてほしい．厳密にいえば冷蔵庫がない世帯もあるかもしれないが，その比率は非常に低い．すなわち，「買い替え」や「買い増し」といった消費者の行動が多数発生しなければ，冷蔵庫市場は縮小してしまうのである．また，冷却機能や消費電力などの機能的な側面の，企業間あるいは商品間での差は，消費者がきちんと認識できるほど大きくないと気づくはずである．つまり，冷蔵庫の市場は「市場のコモディティ化（差別化できない）」が進展しているのである．

企業が，売上の拡大による利益の増大を考えた場合，消費者に少しでも「既存商品とは違う」と感じてもらい，「競合商品にはない良い特徴を有する」と理解してもらわなければならない．しかし，消費者は既存商品の特徴や利点を記憶しているため，上述の観点でのマーケティングは難しく，新商品に頼らざるをえない事態に陥っているのである．換言すれば，新商品のマネジメントを上手にできない限り，市場で競争優位性を築くことができないともいえる．

数多くの新商品，新サービスが市場導入されているが，必ずしも成功しているわけではない．多くの新商品を市場に導入すれば，なかには成功する製品もある．しかし，必然的に失敗する商品も増え，製品開発から市場導入までに要したコストを回収できなければ，企業は損失をこうむることになる．失敗商品，サービスは，消費者がそもそも新しいと認識できなかったり，消費者のニーズを満たすような商品でなかったり，市場に導入する時期に誤りがあったり，競合他社との差別化に失敗したりといった原因で生じる．したがって，新商品，新サービス投入が企業の永続的な活動を支える重要な要素である一方，その開発と導入には大きなリスクを伴う．

この状況に企業が対応するためには，「新商品の生存期間」のメカニズムを明らかにし，それに沿った新商品マネジメントを行わなければならない．新商品の生存期間は，生存期間分析で解析することが多く，またそこで用いられるモデルが（パラメトリック）ハザードモデルである．5.3 節以降にその周辺を詳述する．次節には，モデルの紹介に先立ち，新商品の分析において重要な役割を担う「新商品のタイプ」を説明する．

5.2 新商品のタイプ

本節では，新商品に関する分析を実施する際に重要な意味をもつ「新商品のタイプ」を紹介する．新商品のタイプの違いによって，発売後の状況に差が生じる可能性が高い．本節では，中村 (2001b) に示された分類に基づき解説する．その分類では，新製品を「企業にとっての製品カテゴリの新しさ」と「ブランド名の新しさ」の 2 軸で分類している．図 5.1 がその分類の定義であり，以下の囲みには各タイプの簡単な説明を示す．

新商品のタイプ
1) ライン拡張（図 5.1 左上）：企業にとってそのカテゴリで商品を販売した実績があり，しかも既存のブランド名を用いた新商品
2) カテゴリ拡張（図 5.1 右上）：企業にとってそのカテゴリで商品を販売した実績はないが，他のカテゴリで販売実績のある既存のブランド名を用いた新商品
3) マルチブランド（図 5.1 左下）：企業にとってそのカテゴリで商品を販売した実績があるが，ライン拡張と異なり，これまで使用したことのない新しいブランド名を用いた新商品
4) 新ブランド（図 5.1 右下）：企業にとってそのカテゴリで商品を販売した実績はなく，しかもこれまで使用したことのないブランド名を用いた新商品

ブランド名	企業にとって	
	すでにその商品カテゴリに製品を出している	これまでその商品カテゴリに製品を出したことがない
既存ブランド名	ライン拡張	カテゴリ拡張
新規ブランド名	マルチブランド	新ブランド

図 5.1 新商品の分類

5.3 生存期間分析

5.3.1 生存期間分析で用いるデータ

イベント発生までの時間に関するデータの分析法，モデルが存在する．本章で対象とする「新商品の生存期間データ」はこの種のモデルを用いて解析する．一般に生存期間データの解析法を生存期間分析と呼ぶ．この分析で用いる生存期間データは下記に示す2つの重要な特性を有する．

生存期間データの特性
1) 時間は非負値（≥ 0）であり，通常，値が大きいほうに裾が長い歪んだ分布になる
2) 観測対象が研究期間を超えて存在するなど，データセットには生存期間が正確にわからないデータが含まれる．この種のデータを打ち切りデータと呼ぶ

図 5.2 には，生存期間解分析で用いるデータの特性を模式的に示した．図の横軸は生存期間を示し，T_{L_C} は測定の開始時点を，T_{R_C} は測定の終了時点を示す．また，記号 D は死亡（本章の事例では，市場からの退出）したことを，A は測定終了時点で生存していたことを示す．図 5.2 において，新商品 1, 3, 5 は市場導入から退出までの生存期間が記録されている．新商品 2 は市場退出が測定期間の終了後に起こっているため，実際には実線部分のみが観測されており，データは T_{R_C} で右側打ち切りされているという．新商品 4 は，測定開始前に市場導入されているため，T_{L_C} の前（破線部分）は観測されていない．こういった状況をデータは T_{L_C} で左側打ち切りされているという．

前段に示したデータの特性は，生存期間を議論する際にきわめて重要である．もし打ち切りのないデータだけならば，生存期間の平均，中央値などの統計量を算定し，それに基づいた議論をすれば十分に価値がある．しかし，打ち切られたデータが含まれる場合，単純に平均や中央値などの統計量を求めるだけでは，誤った評価になってしまう．図 5.2 のようにデータの特性を個々に把握し，分析しなければ正しい評価にならないのである．以降で説明するハザードモデ

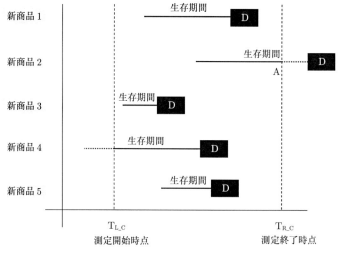

図 5.2 生存期間分析のデータ構造

ルを用いれば，打ち切りを含むデータを正当に解析できる．

なお，本書では生存期間が既知の確率分布に従うパラメトリックモデルのみを対象にし，Cox の比例ハザードモデルのようなセミパラメトリックモデルは対象にしない．Cox の比例ハザードモデルはその要点のみを本章末の［発展］に示すが，より詳細な議論はたとえば中村 (2001a) を参照してほしい．

5.3.2 生存関数とハザード関数

生存関数とハザード関数が生存期間分析で重要な役割を担う．確率変数 Y_i は新商品 i の生存期間を，$f(y_i)$ はその確率密度関数を表すものとする．式 (5.1) は，ある時間 y_i までに新商品 i が市場退出する**累積確率分布関数**を示す．

$$F(y_i) = \Pr(Y_i < y_i) = \int_0^{y_i} f(t)\,dt \tag{5.1}$$

式 (5.2) は時間 y_i を超えて生存する確率（**生存関数**）を示し，式 (5.1) から導かれる．

$$S(y_i) = \Pr(Y_i > y_i) = 1 - F(y_i) \tag{5.2}$$

ハザード関数は商品 i が時間 y_i まで生存しているという仮定のもとで，y_i と $y_i + \Delta y_i$ の間に市場退出する確率（の極限値）を示し，式 (5.3) で定義する．

5.3 生存期間分析

$$h(y_i) = \lim_{\Delta y_i \to 0} \frac{\Pr(y_i \leq Y_i < y_i + \Delta y_i | Y_i > y_i)}{\Delta y_i}$$
$$= \lim_{\Delta y_i \to 0} \frac{F(y_i + \Delta y_i) - F(y_i)}{\Delta y_i} \times \frac{1}{S(y_i)} \quad (5.3)$$

式 (5.1) を踏まえると，式 (5.3) 右辺の第 2 式の第 1 項は式 (5.4) のように表現できる．用いている関係は，累積確率分布関数と確率密度関数の関係である．

$$\lim_{\Delta y_i \to 0} \frac{F(y_i + \Delta y_i) - F(y_i)}{\Delta y_i} = F'(y_i) = f(y_i) \quad (5.4)$$

式 (5.4) は微分の定義そのものであり，式中 ′ は微分を示す記号である．式 (5.3) と式 (5.4) から，式 (5.5) が成立する．

$$h(y_i) = \frac{f(y_i)}{S(y_i)} \quad (5.5)$$

式 (5.5) は，$S(y_i) = 1 - F(y_i)$ であることを踏まえた上で，対数関数の微分と積分の関係を用いれば式 (5.6) に変形できる．

$$h(y_i) = -\frac{d}{dy_i} \log(S(y_i)) \quad (5.6)$$

ここで $H(y_i) = \int_0^{y_i} h(t)\,dt$ とするとき，式 (5.7) および式 (5.8) が成立する．

$$S(y_i) = \exp(H(y_i)) \quad (5.7)$$

$$H(y_i) = -\log(S(y_i)) \quad (5.8)$$

$H(y_i)$ は累積ハザード関数あるいは積分ハザード関数と呼ぶ．

パラメトリック生存期間分析において最も重要な課題は，式 (5.5) で示したハザード関数の形状である．前述のとおりハザード関数は新商品 i が時間 y_i まで生存している仮定のもとで，y_i と $y_i + \Delta y_i$ の間に死亡する（市場退出する）確率（の極限値）を示している．問題は $h(y_i)$ が時間進展に伴い，「市場退出のリスクが増加する」のか「市場退出のリスクが減少する」のか「市場退出のリスクが一定」なのかを判定することである．その判定は，$h(y_i)$ の微分係数で特性づけられる（ハザード関数の時間依存性）．具体的には，下記の囲みのとおりである．

> **ハザード関数の形状**
> 1) $\dfrac{dh(y_i)}{dy_i} > 0$ のとき： 市場退出のリスクが時間進展に伴い増加する
> 2) $\dfrac{dh(y_i)}{dy_i} < 0$ のとき： 市場退出のリスクが時間進展に伴い減少する
> 3) $\dfrac{dh(y_i)}{dy_i} = 0$ のとき： 市場退出のリスクは一定である

ハザード関数の形状は，仮定するパラメトリックモデルに依存して決まる．後述するモデルにおいて，指数分布はフラット（時間経過に伴ってハザード関数が変化しない），ワイブル分布は単調（単調増加あるいは単調現象），対数正規分布および対数ロジスティック分布は非単調（時間の経過に伴いハザード関数が増加する部分と減少する部分が混在する）となる．そのため，仮定するパラメトリックモデルが何かということが非常に重要になる．5.3.4項には生存期間分析で用いる上記4つの分布を個々に紹介する．それに先立ち5.3.3項には，生存期間と説明変数の関係を説明するための回帰モデルである比例ハザードモデルと加速故障モデルを導入する．

5.3.3 比例ハザードモデルと加速故障モデル

生存期間 y_i と説明変数ベクトル $\boldsymbol{x}_i$ の関係をパラメトリックモデルでモデル化する際，大別すると2つのアプローチがある．1つ目は $\exp(\boldsymbol{x}_i^t \boldsymbol{\beta})$ が基準ハザード関数 $h_0(y_i)$ に関して乗法的に作用するモデルで比例ハザードモデルと呼ばれる（詳細はa参照）．もう一方は $\exp(\boldsymbol{x}_i^t \boldsymbol{\beta})$ が生存期間 y_i そのものに乗法的に作用するモデルで加速故障モデルと呼ばれる（詳細はb参照）．

a. 比例ハザードモデル

従来の回帰分析を援用して，生存期間分析に回帰分析の考え方を導入する．第3章に示した線形回帰モデルでは，$\mathrm{E}(Y_i) = \boldsymbol{x}_i^t \boldsymbol{\beta}$ と仮定しモデル化した．生存期間分析では，式 (5.5) のハザード関数を $\mathrm{E}(Y_i)$ の代わりに用いる．説明の都合上ハザード関数が $h(y_i; \boldsymbol{x})$ と $\boldsymbol{x}$ に依存することを明示的に示す．$\theta = \boldsymbol{x}_i^t \boldsymbol{\beta}$ とモデル化できると仮定し，式 (5.9) のように表現する．

$$h(y_i; \boldsymbol{x}) = \exp(\boldsymbol{x}_i^t \boldsymbol{\beta}) \tag{5.9}$$

$\boldsymbol{x} = \boldsymbol{0}$ と $\boldsymbol{x} \neq \boldsymbol{0}$ のハザード関数の比をとると，式 (5.10)（ハザード比または相対ハザード）が導出できる．

$$\frac{h(y_i; \boldsymbol{x})}{h(y_i; \boldsymbol{x} = \boldsymbol{0})} = \exp\left(\boldsymbol{x}_i^t \boldsymbol{\beta}\right) \tag{5.10}$$

$h(y_i; \boldsymbol{x}) = h_1(y_i)$ および $h(y_i; \boldsymbol{x} = \boldsymbol{0}) = h_0(y_i)$ とすると，式 (5.10) は式 (5.11) になる．

$$h_1(y_i) = h_0(y_i) \exp\left(\boldsymbol{x}_i^t \boldsymbol{\beta}\right) \tag{5.11}$$

$h_0(y_i)$ は上記の定義のとおり，$\boldsymbol{x} = \boldsymbol{0}$，すなわちすべての説明変数の値が参照水準の新商品のハザード関数に対応し，ベースラインハザードと呼ばれる．式 (5.11) はハザード関数に対する説明変数の影響が，ベースラインハザード関数に比例定数の形で影響する．そのため，式 (5.11) で示すモデルを**比例ハザードモデル**と呼ぶのである．

b． 加速故障モデル

加速故障モデルでは，生存期間 y_i の対数と説明変数 $\boldsymbol{x}_i$ との間に式 (5.12) に示す線形関係を仮定する．

$$\log(y_i) = \boldsymbol{x}_i^t \boldsymbol{\beta} + z_i \tag{5.12}$$

$\boldsymbol{\beta}$，z_i はパラメータベクトルと誤差項を示す．式 (5.12) は式 (5.13) のように書き換えることができる．

$$y_i^* = \mu + \sigma u_i \tag{5.13}$$

ただし，$y_i^* \equiv \log(y_i)$，$\mu \equiv \boldsymbol{x}_i^t \boldsymbol{\beta}$ とし，$u_i = \dfrac{z_i}{\sigma}$ は $f(u)$ に従う確率変数である．また σ はハザード関数の形状に関連づけられる拡大因子を示す．問題は，式 (5.13) の誤差項 u の確率分布をどう仮定するかになる．この仮定の違いによって，生存期間 y_i の分布は異なる形式になる．たとえば u の分布としてロジスティック分布 $\left(f(u) = \dfrac{\exp(u)}{1 + \exp(u)}\right)$ を仮定した場合，y_i は対数ロジスティック分布に従う．また，u の分布として正規分布を仮定した場合，y_i は対数正規分布に従う．

5.3.4　生存期間分析で用いられる確率分布

本項では，指数分布，ワイブル分布，対数ロジスティック分布および対数正

規分布の生存関数，ハザード関数とそれらに説明変数を取り込んだモデルを具体的に説明する．

a. 指数分布

新商品の生存期間 y_i を表現する最も単純なモデルは指数分布であり，式 (5.14) が確率密度関数になる．

$$f(y_i) = \theta \exp(-\theta y_i), \quad y_i \geq 0, \quad \theta > 0 \tag{5.14}$$

平均，分散は，$\mathrm{E}(Y_i) = 1/\theta, \mathrm{Var}(Y_i) = 1/\theta^2$ となる．式 (5.15) がその累積確率分布関数に，式 (5.2) に基づけば式 (5.16) が指数分布の生存関数になる．

$$\mathrm{F}(y_i) = \int_0^{y_i} \theta \exp(-\theta y_i)\, dy_i = 1 - \exp(-\theta y_i) \tag{5.15}$$

$$\mathrm{S}(y_i) = \exp(-\theta y_i) \tag{5.16}$$

式 (5.5) からハザード関数は式 (5.17) に，式 (5.8) から累積ハザード関数は式 (5.18) になる．

$$h(y_i) = \theta \tag{5.17}$$

$$\mathrm{H}(y_i) = \theta y_i \tag{5.18}$$

指数分布の場合，5.3.3 項 a に示した比例ハザードモデルを用いれば，モデルに説明変数を取り込める．具体的には，式 (5.19) が式 (5.9) と式 (5.17) から導出できる．

$$h(y_i; \boldsymbol{x}) = \theta = \exp(\boldsymbol{x}_i^t \boldsymbol{\beta}) \tag{5.19}$$

b. ワイブル分布

5.3.4 項 a に示した指数分布と同様に，ワイブル分布の生存関数およびハザード関数を導き，比例ハザードモデルを説明する．導出の考え方は，基本的に 5.3.4 項 a と共通である．

式 (5.20) には，ワイブル分布の確率密度関数を示した．

$$f(y_i) = \frac{\lambda y_i^{\lambda-1}}{\theta^\lambda} \exp\left[-\left(\frac{y_i}{\theta}\right)^\lambda\right], \quad y_i \geq 0, \quad \lambda > 0, \quad \theta > 0 \tag{5.20}$$

λ, θ はそれぞれ分布の形状パラメータと尺度パラメータを示す．$\lambda = 1$ のとき，

ワイブル分布は指数分布と一致する．表記をわかりやすくするために，$\theta^{-1} = \phi$ として式 (5.20) を式 (5.21) のように書き換えておく．

$$f(y_i) = \lambda\phi(\phi y_i)^{\lambda-1}\exp\left[-(\phi y_i)^\lambda\right] \tag{5.21}$$

式 (5.22)，式 (5.23) および式 (5.24) がワイブル分布の生存関数，ハザード関数および累積ハザード関数になる．

$$\begin{aligned}S(y_i) &= \int_{y_i}^{\infty} \lambda\phi(\phi u)^{\lambda-1}\exp\left[-(\phi u)^\lambda\right]du \\ &= \exp\left(-\phi y_i^\lambda\right)\end{aligned} \tag{5.22}$$

$$h(y_i) = \lambda\phi y_i^{\lambda-1} \tag{5.23}$$

$$H(y_i) = \phi y_i^\lambda \tag{5.24}$$

ワイブル分布を仮定した場合，ハザード関数の時間依存性は形状パラメータ λ によって決定される．具体的には，下記の囲みのような分類ができる．

ワイブル分布型ハザード関数の時間依存性
1) $\lambda < 1$ のとき： 時間経過に伴いハザードが単調減少になる
2) $\lambda > 1$ のとき： 時間経過に伴いハザードが単調増加になる
3) $\lambda = 1$ のとき： この場合，ワイブル分布は指数分布になる．そのためハザードは時間が経過しても変化しない（一定）

ワイブル分布でも指数分布と同様に比例ハザードモデルの枠組みで，説明変数をモデルに取り込める．式 (5.23) で $\phi = \exp(\boldsymbol{x}_i^t\boldsymbol{\beta})$ とおくと，式 (5.25) が導出できる．これが，ワイブル分布の比例ハザードモデルになる．この場合，$h(y_i; \boldsymbol{x}=0) = \lambda y_i^{\lambda-1}$ がベースラインハザードになる．

$$\begin{aligned}h(y_i; \boldsymbol{x}) &= h(y_i; \boldsymbol{x}=0)\exp(\boldsymbol{x}_i^t\boldsymbol{\beta}) \\ &= \lambda y_i^{\lambda-1}\exp(\boldsymbol{x}_i^t\boldsymbol{\beta})\end{aligned} \tag{5.25}$$

c. 対数ロジスティック分布

新商品 i の生存期間 y_i が対数ロジスティック布関数に従う場合の，生存期間モデルを説明する．式 (5.26)，式 (5.27) は対数ロジスティック分布の確率密度関数と生存関数を示す．なお，λ, γ は位置パラメータおよび形状パラメータを

それぞれ示す.

$$f(y_i) = \frac{\lambda^{\frac{1}{\gamma}} y_i^{\frac{1}{\gamma}-1}}{\left\{\gamma\left[1+(\lambda y_i)^{\frac{1}{\gamma}}\right]\right\}^2} \tag{5.26}$$

$$S(y_i) = \frac{1}{1+(\lambda y_i)^{\frac{1}{\gamma}}} \tag{5.27}$$

式 (5.28),式 (5.29) が対数ロジスティック分布のハザード関数および累積ハザード関数を示す.

$$h(y_i) = \frac{\lambda^{\frac{1}{\gamma}} y_i^{\frac{1}{\gamma}-1}}{\gamma\left[1+(\lambda y_i)^{\frac{1}{\gamma}}\right]} \tag{5.28}$$

$$H(y_i) = 1+(\lambda y_i)^{\frac{1}{\gamma}} \tag{5.29}$$

対数ロジスティック分布を仮定した場合,ハザード関数の時間依存性は,前述のワイブルのケースと同様に形状パラメータ γ によって変化する.ただし,ワイブル分布では単調な時間依存性しか表現できなかったが,対数ロジスティック分布では,非単調な時間依存性を表現できる.ハザードの時間依存性は,下記の囲みのように整理できる.

> 対数ロジスティック型ハザード関数の時間依存性
> 1) $\gamma < 1$ のとき: ハザードは経過時間当初増加し,その後減少する
> 2) $\gamma \geq 1$ のとき: 時間経過に伴いハザードが減少する

対数ロジスティック分布を仮定したモデルは,比例ハザードモデルの枠組みでは説明変数をモデル内に取り込めないため,5.3.3 項 b に示した加速故障モデルの枠組みで取り込むことになる.具体的には,式 (5.12) または式 (5.13)(どちらでも同じ)において,$f(u) = \exp(u)/(1+\exp(u))$ および $\sigma = \lambda$ と考えてモデルを導出する.結論だけを示せば,式 (5.30) のように考えれば,対数ロジスティックモデル内に説明変数を取り込める.

$$\lambda = \exp\left(-\boldsymbol{x}_i^t \boldsymbol{\beta}\right) \tag{5.30}$$

d. 対数正規分布

新商品 i の生存期間 y_i が対数正規分布に従う場合の生存期間モデルを説明する．式 (5.31) が対数正規分布の確率密度関数を，式 (5.32) が生存関数を示す．なお，μ, σ は平均および標準偏差を示す．

$$f(y_i) = \frac{1}{\sqrt{2\pi} y_i \sigma} \exp\left\{-\frac{1}{2\sigma^2}\Big[\log(y_i) - \mu\Big]^2\right\} \tag{5.31}$$

$$S(y_i) = 1 - \Phi\left[\frac{\log(y_i) - \mu}{\sigma}\right] \tag{5.32}$$

式 (5.33) には対数正規分布を仮定した場合のハザード関数を示す．式中，Φ は標準正規分布関数を示す．

$$h(y_i) = \frac{\dfrac{1}{\sqrt{2\pi} y_i \sigma} \exp\left\{-\dfrac{1}{2\sigma^2}\Big[\log(y_i) - \mu\Big]^2\right\}}{1 - \Phi\left[\dfrac{\log(y_i) - \mu}{\sigma}\right]} \tag{5.33}$$

対数正規分布を仮定したモデルは，対数ロジスティック分布と同様で比例ハザードモデルの枠組みで説明変数をモデル内に取り込めない．そのため，5.3.3 項 b に示した加速故障モデルの枠組みで，説明変数をモデル内に取り込む．具体的には，式 (5.34) のようにモデル化すればよい．このモデル化は第 3 章に示した線形回帰モデルのモデル化と同様である．

$$\mu = \boldsymbol{x}_i^t \boldsymbol{\beta} \tag{5.34}$$

5.3.5 パラメトリックハザードモデルの推定法

本項には，パラメトリックハザードモデルの推定法を示す．以降では，モデルに含まれる未知パラメータベクトルを $\boldsymbol{\vartheta}$ とし議論を進める．$\boldsymbol{\vartheta}$ は，$\boldsymbol{\beta}$（指数分布モデル），$\boldsymbol{\beta}, \lambda$（ワイブル分布モデル），$\boldsymbol{\beta}, \gamma$（対数ロジスティック分布モデル），$\boldsymbol{\beta}, \sigma$（対数正規分布モデル）とモデルによって異なるパラメータを含むものと考えてほしい．

新商品 i に対して記録されるデータは，生存期間 y_i，打ち切り指標 δ_i（非打ち切り：1，打ち切り：0）および説明変数ベクトル $\boldsymbol{x}_i$ である．説明の都合上，$1, \ldots, r$ までの商品を非打ち切り新商品，$r+1, \ldots, N$ までの商品を右側打ち

切り新商品として以降の議論を進める．この設定で一般性は失わない．

非打ち切り新商品の尤度関数への寄与は，非打ち切り新商品の確率密度関数の積として式 (5.35) で与えられる．

$$\prod_{j=1}^{r} f(y_j) \tag{5.35}$$

一方で打ち切り変数では，生存期間 Y_j は少なくとも y_j であることがわかっており，この確率は $\Pr(Y_j \geq y_j) = \mathrm{S}(y_j)$ にほかならない．よって打ち切り変数の尤度関数への寄与は，生存関数の積として式 (5.36) で与えられる．

$$\prod_{j=r+1}^{N} \mathrm{S}(y_j) \tag{5.36}$$

以上の議論から，全体尤度は式 (5.37) で与えられる．

$$L(\boldsymbol{\vartheta}) = \prod_{j=1}^{N} (f(y_j))^{\delta_j} (\mathrm{S}(y_j))^{1-\delta_j} \tag{5.37}$$

パラメータ推定では，2.3 節に示したように尤度関数を対数変換した対数尤度を用いる．すなわち，式 (5.37) を対数変換した式 (5.38) を用いる．

$$\begin{aligned} l(\boldsymbol{\vartheta}) = \log(L(\boldsymbol{\vartheta})) &= \sum_{j=1}^{N} \left[\delta_j \log(f(y_j)) + (1-\delta_j) \log(\mathrm{S}(y_j)) \right] \\ &= \sum_{j=1}^{N} \left[\delta_j \log(h(y_j)) + \log(\mathrm{S}(y_j)) \right] \end{aligned} \tag{5.38}$$

式 (5.38) に示すように対数尤度関数は，ハザード関数と生存関数で規定できる．5.3.4 項に示した 4 つのモデルの対数尤度は，対応するハザード関数と生存関数を式 (5.38) に代入すれば得られる．

5.3.6 パラメトリック比例ハザードモデルの分析例

a. データの状況

本項には，新商品の生存期間分析の事例を紹介する．事例では，23,457 個の新商品の POS データを用いる．データには，生存期間に加えて 5.2 節で紹介した新商品のタイプと新商品市場導入後 4 週間のプロモーション実施状況など

5.3 生存期間分析

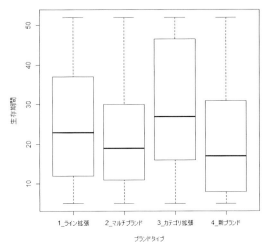

図 5.3 新商品タイプ別生存期間分布

（平均値引率，山積み陳列実施日数，チラシ掲載日数，平均点数 PI，最大売価）のデータが存在する．モデル化に先立ち，探索的にデータを確認する．なお，データは 5 週未満で市場退出したデータは除外しており，発売後 52 週間より生存した新商品を右側打ち切りありと判定している．今回の設定では左側打ち切りデータは存在しない．

図 5.3 には，新商品タイプ別の生存期間の分布状況を示した．中央値（太線）で判定すると，カテゴリ拡張＞ライン拡張＞マルチブランド＞新ブランドの順で生存期間が短くなる．図 5.4 には，説明変数別生存期間分布状況と生存期間のカーネル密度（右下）を示した．市場導入 4 週間のプロモーションの実施状況と生存期間の関係性に必ずしも明確な特徴を見出せないが，ヘビーなプロモーションで導入した新商品が相対的に短命に終わっている傾向だけはみてとれる．また，売価が高い新商品，発売当初に売上が低い新商品は短命傾向である．右下に示したカーネル密度を見る限り，当然ではあるが生存期間が長くなる（横軸右方向）ほど生存している新商品が少ない．右端の密度が大きい部分は打ち切られた商品の数に対応している．

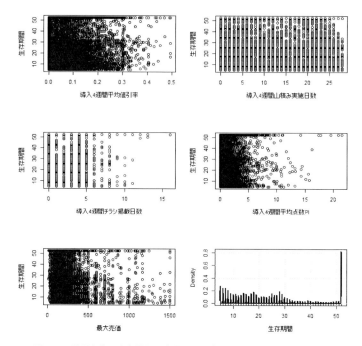

図 5.4 説明変数別生存期間分布状況と生存期間のカーネル密度（右下）

以上総括すると，下記の囲みのように整理できる．

> 探索的なデータ分析からの知見
> 1) 新商品のタイプによって生存期間に差がある
> 2) 平均値引率，山積み実施日数，チラシ掲載日数などのプロモーションは生存期間に影響している可能性がある
> 3) 売価が相対的に高い商品は，短命傾向である
> 4) 発売当初に売上が低い新商品は，短命傾向である

b. モデル

表 5.1 には，以降のモデルで用いる記号を整理した．5.3.4 項の議論を踏まえ，$\boldsymbol{x}_i = \left(x_i^0, x_i^1, \ldots, x_i^8\right)^t$ および $\boldsymbol{\beta} = (\beta_0, \beta_1, \ldots, \beta_8)^t$ として議論を進める．

5.3.4 項に示したように，生存期間分析のモデル化は分布の仮定によって違いがある．以降では，指数分布，ワイブル分布，対数ロジスティック分布および対数正規分布のそれぞれを推定し，推定結果を説明する．式 (5.39) には，5.3.4

表 5.1　生存期間分析モデルで用いる変数

変数	説明
y_i	新商品 i の生存期間 $(i=1,\ldots,23457)$
x_i^0	1（定数項用の説明変数）
x_i^1	ライン拡張フラグ（新商品 i がライン拡張新商品の場合 1，その他 0）
x_i^2	マルチブランドフラグ（新商品 i がマルチブランド新商品の場合 1，その他 0）
x_i^3	カテゴリ拡張フラグ（新商品 i がカテゴリ拡張新商品の場合 1，その他 0）
x_i^4	新商品個人 i の平均値引率
x_i^5	新商品個人 i の山積み陳列実施日数
x_i^6	新商品個人 i のチラシ掲載日数
x_i^7	新商品個人 i の平均点数 PI
x_i^8	新商品個人 i の最大売価
$\beta_0,\ldots,\beta_8$	パラメータ

項に示したモデルの一部を再掲した．表 5.1 に示した変数との対応を確認してほしい．

$$\begin{aligned}
\text{指数分布：} & \quad \theta = \exp\left(\boldsymbol{x}_i^t \boldsymbol{\beta}\right) \\
\text{ワイブル分布：} & \quad \phi = \exp\left(\boldsymbol{x}_i^t \boldsymbol{\beta}\right) \\
\text{対数ロジスティック分布：} & \quad \lambda = \exp\left(-\boldsymbol{x}_i^t \boldsymbol{\beta}\right) \\
\text{対数正規分布：} & \quad \mu = \boldsymbol{x}_i^t \boldsymbol{\beta}
\end{aligned} \tag{5.39}$$

c.　モデル推定結果

図 5.5 には，生存確率の推定結果を示した．図には，本章で紹介した 4 つのモデルに加えて**経験生存関数**（時刻 y 以上生存する確率の推定値）の**カプラン-マイヤー推定量**を示した．式 (5.40) が経験生存関数の定義である．

$$\widetilde{S}(y) = \frac{\text{生存期間が } y \text{ 以上となる新商品数}}{\text{対象全新商品数}} \tag{5.40}$$

カプラン-マイヤー推定量は次の手順で算定する．はじめに，市場退出が観測された時刻を小さい順に $y_{(1)} \leq \cdots \leq y_{(k)}$ と並べる．時刻 $y_{(j)}$ での市場退出数を d_j，n_j を時刻 $y_{(j)}$ の直前で生存している新商品数とする．このとき，新商品が時刻 $y_{(j)}$ の直前まで生存し，かつ $y_{(j)}$ 以降も生存する条件付確率は $(n_j - d_j)/n_j$ となる．各 $y_{(j)}$ が独立に生起すると仮定すれば，$(n_j - d_j)/n_j$ を順にかけ合わせれば，式 (5.41) が得られる．

$$\widehat{S}(y) = \prod_{j=1}^{k}\left(\frac{n_j - d_j}{n_j}\right) \tag{5.41}$$

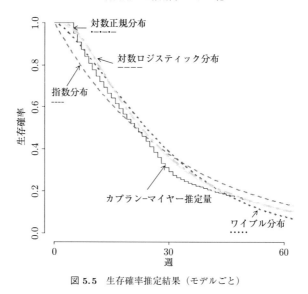

図 5.5 生存確率推定結果（モデルごと）

この式 (5.41) で推定される推定量が，経験生存関数の一種である，カプラン-マイヤー推定量になる．

図 5.5 を確認すると，指数分布とワイブル分布の生存期間の推定値よりも対数ロジスティック分布と対数正規分布の推定値のほうが，カプラン-マイヤー推定量に近い挙動を示している．これは比例ハザードモデルよりも加速故障モデルのほうが，当該分析において適切なモデルである可能性を示唆する．仮定したモデル（指数，ワイブル，対数ロジスティック，対数正規）の中でどのモデルが妥当かは，AIC（式 (2.4) 参照）によるモデル比較を行えばよい．表 5.2 には 4 つのモデルの最大対数尤度，AIC およびモデルパラメータ数を示した．対数正規分布の AIC が最小であり，仮定したモデルの中では対数正規分布モデルが最良であると判断できる．以降は，対数正規分布モデルの推定結果だけに基づき議論をすすめる．

表 5.3 には，対数正規分布モデルのパラメータ推定結果を示す．p-値で判定する限り，いずれの説明変数も有意確率 5% 以上で有意と判定できる．対数正規分布モデルは，5.3.3 項の議論を踏まえれば，加速故障モデルの一種であり，式 (5.12) と仮定したモデリングを実施していることに対応する．これは，

5.3 生存期間分析

表 5.2 モデル推定結果（最大対数尤度と AIC）

モデル	最大対数尤度	AIC	パラメータ数
指数分布	-86695.6	173409.2	9
ワイブル分布	-85093.5	170207.0	10
対数ロジスティック分布	-83846.7	167713.4	10
対数正規分布	-83545.4	167110.8	10

表 5.3 パラメータ推定結果（対数正規分布）

変数	推定値	標準誤差	p-値
定数項	2.9000	0.0321	0.0000
ライン拡張	0.1790	0.0314	0.0000
マルチブランド	0.0732	0.0321	0.0226
カテゴリ拡張	0.4030	0.0611	0.0000
平均値引率	1.0300	0.0825	0.0000
山積み陳列実施日数	-0.0218	0.0008	0.0000
チラシ掲載日数	0.0809	0.0057	0.0000
平均点数 PI	0.0577	0.0056	0.0000
最大売価	-0.0001	0.0000	0.0295
$\log$（分散）	-0.2270	0.0052	0.0000

第 3 章の表 3.1 に示した左辺対数型と同じ形式だとわかる．左辺対数型の線形回帰モデルで説明変数が連続変数の場合，3.2.1 項の議論に基づけば弾力性が βx で算定できる．図 5.6 には，x の値として，平均値引率 (0.04)，平均山積み陳列実施日数 (4.2)，チラシ掲載日数 (0.2)，平均点数 PI (0.8)，平均最大売価 (188) を使用した場合の弾力性を示した．数字の意味は，山積み陳列実施日数を例に説明すれば，山積み陳列実施日数を 1% 増やすと生存期間が 0.09% 低下する，となる．絶対値の意味で，山積み陳列実施 $(-)$ > 平均値引率 $(+)$ > 平均点数 PI $(+)$ > チラシ掲載日数 $(+)$ > 最大売価 $(-)$ の順で影響度が低下する．

表 5.3 のライン拡張，マルチブランド，カテゴリ拡張はダミー変数である．表中の推定量は，変数化できなかった「新ブランド」と比べた場合の効果になっており，3 つの数字は直接比較可能である．生存期間はカテゴリ拡張 > ライン拡張 > マルチブランド > 新ブランドの順で短くなるとわかる．この結果は，図 5.3 で目視で確認したものと整合しており，妥当な推定結果と判断できる．

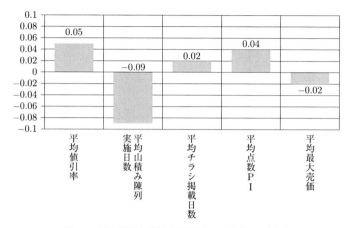

図 5.6 弾力性推定結果（説明変数の平均値での評価）

■まとめと文献紹介

本章では，新商品の生存期間分析を想定し，パラメトリック生存期間分析モデル（指数分布，ワイブル分布，対数ロジスティック分布，対数正規分布）を解説し，実際の分析事例を紹介した．分析事例では，現代マーケティングの重要課題の1つである新商品の生存期間に焦点を当てた．本章で紹介したモデルは，顧客関係性マネジメント（CRM）における優良顧客の生存期間や Web 上でのユーザーのページ滞在時間など，新商品の生存期間と同様に打ち切りが生じるデータのモデリングでは威力を発揮する．その意味で適用範囲は広いモデルであり，ぜひ習得してほしい統計モデルである．他の章と同様に，十分理解を深めてほしい．

マーケティングにおける新製品を題材とした書籍としては，中村 (2001b) を参考にされるとよい．また，本章で紹介した生存期間分析のさらに進んだ話題は，クライン・メシュベルガー (2012) に詳しい．また，本書では発展で触れたのみにとどめた Cox の比例ハザードモデルに関しては，下記の [発展] に加え，中村 (2001a) を参考にするとよいだろう．

[発展] Cox 比例ハザードモデル

本章で紹介したモデルは，すでに述べてきたようにパラメトリックモデルであった．パラメトリックモデルの場合，生存期間のデータの分布の仮定が大きな問題で，結果に影響する．指数分布，ワイブル分布といった既知の分布の仮定が妥当でなければ，推定結果は有効にならない．そういった状況で有効なアプローチが，ここで紹介する Cox 比例ハザードモデルである．Cox

比例ハザードモデルは，セミパラメトリックモデルと呼ばれるモデル族に含まれ，本章で紹介したモデルのように確率密度関数の形を完全には決めずに，「わかっている部分のモデル」と「わからない部分のモデル」を切り分けてモデル化する．

生存期間分析の最大の興味は，生存期間と説明変数の関係性を評価することである．5.3.3 項 a で紹介したパラメトリック比例ハザードモデル $h_1(y_i) = h_0(y_i)\exp(\boldsymbol{x}_i^t\boldsymbol{\beta})$ を例にとれば，$\exp(\boldsymbol{x}_i^t\boldsymbol{\beta})$ の推定が一番の興味なのである．その点は Cox の比例ハザードモデルでも共通である．式 (5.42) が Cox 比例ハザードモデルである．

$$h_1(y_i;\boldsymbol{x}_i) = h_0(y_i)\exp(\boldsymbol{x}_i^t\boldsymbol{\beta}) \tag{5.42}$$

式 (5.42) は表面上，パラメトリック比例ハザードモデルとの違いを見出せないが，モデル化の仮定に違いがある．重要な点を下記の囲みにまとめた．Cox 比例ハザードモデルでは，式 (5.42) の右辺の 2 つの項に下記に示す仮定をおく．

Cox 比例ハザードモデルの仮定

生存期間に依存する部分： $h_0(y_i)$ ⟶ これ以上定式化しない

説明変数 $\boldsymbol{x}_i$ に依存する部分：$\exp(\boldsymbol{x}_i^t\boldsymbol{\beta})$ ⟶ きちんと定式化する

$$\tag{5.43}$$

上記のように Cox 比例ハザードモデルでは，ベースラインハザードである $h_0(y_i)$ を決めないままモデル化を行う．なぜ $h_0(y_i)$ の形を決めないのかといえば，「分布の形状がそもそもよくわからない」ということを前提としているからである．そのため，$h_0(y_i)$ のように形を特定しないことでモデルに遊びを残し，現実の広範な生存期間データに柔軟に対応しようと考えて提案されたのが Cox 比例ハザードモデルなのである．正確・精緻なモデル化は捨てて，いかようなデータへも幅広く対応可能なモデル化を狙っているのである．

Cox 比例ハザードモデルの推定は，モデルに特定しない部分を残しているため，本章で採用した最尤法によるモデル推定は行えない．実際には，ハザード関数で特定した部分だけを用いた部分尤度を構成し，最尤法的に推定する部分尤度法により $\boldsymbol{\beta}$ を推定することになる．重要な点なので言及しておく．

本書では，Cox 比例ハザードモデルについてこれ以上述べないが，興味のある読者は中村 (2001a) などを参照してほしい．

Chapter 6
消費者セグメンテーションのモデル化

　本章では，消費者セグメンテーションで用いられる統計モデル（潜在クラスモデルまたは有限混合モデル）を紹介する．これらは，前章までに示したさまざまなモデルにも関連づけられる．本章では，消費者セグメンテーションを念頭に解説するが，他のマーケティング現象のモデル化でも活用できるため，特にモデル構造の本質をよく理解してほしい．

6.1　セグメンテーションとは？

6.1.1　セグメンテーションの定義

　企業がその活動の場とする市場は，異質な消費者によって構成される．消費者個々の態度，嗜好には違いがあり，プロモーションのような企業のマーケティング活動への反応も差がある．当然，消費者は個々に異なる行動をとる．企業が，そういった異質な消費者の集合体である市場で利益を上げつづけるためには，消費者の態度，反応性，行動などの特性を的確に把握しなければならない．マーケティングで対象とするグループの大きさに着目すると，図6.1に示すようにマスマーケティング $\longrightarrow$ セグメンテーションマーケティング $\longrightarrow$ ワントゥワンマーケティングに分類できる．ここでいう分類は，マクロからミクロへというマーケティングの進化とも考えられる．マーケティング進化の背後には，対象とする消費者の変化に加えて，マーケティングデータの解析技法の進展も影響している．ただし，進化したからといってマスマーケティングやセグメンテーションマーケティングが活用されなくなっているわけではなく，各段階のマーケティングは現在でも課題に応じて活用されている．本章では，市場分割

6.1 セグメンテーションとは？

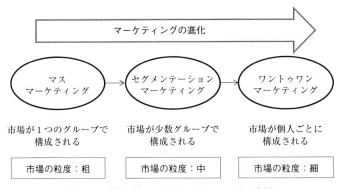

図 6.1 　粒度の違いによるマーケティングの分類

の粒度でいえば中間に位置づけられるセグメンテーションマーケティングを想定した統計モデルを説明する．一般にマスマーケティングによって，市場全体を1つのセグメントとみなしてしまうと効果的な戦略を行えない．逆に，一人一人がセグメントを構成すると考えたワントゥワンマーケティングでは，現代のマーケティング技術ではコスト的側面から非効率になってしまう．セグメンテーションマーケティングは，それら2つのマーケティング手法の中間程度の粒度のマーケティング手法で，現代のマーケティング技術を前提とした場合，1つの現実的な解に結びつけやすい粒度のアプローチである．

　下記には，ここまで定義のないまま使用してきた，本章で中心的な役割を担う言葉であるセグメントとセグメンテーションの定義を示す．

> セグメントとセグメンテーション
> 1) セグメントは，製品やサービス対する嗜好，興味が似ていたりまたはマーケティング変数に対して同質の反応を示したりすることが予想される消費者のグループをさす．
> 2) セグメンテーションは，市場セグメントを構成する，あるいは発見するプロセスをさす．

　図6.2は，セグメントとセグメンテーションをより具体的にイメージしてもらうために模式的に示した．セグメンテーションを行う以前の市場は，よく見積もっても図6.2の上段に示すように「洋服が買いたい」と考える消費者の集合のように見えるにすぎない．しかし，セグメンテーションを実施すると図6.2

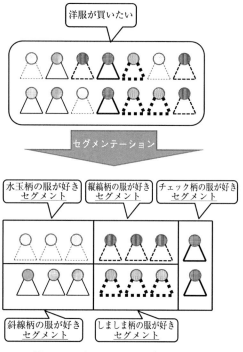

図 6.2 セグメンテーションとセグメント

の下段のように，「水玉柄の服が好き」や「縦縞柄の服が好き」というように，特定のニーズをもつ，いくつかの消費者グループに細分化される．この個々の消費者グループをセグメントと呼ぶのである．セグメンテーションの実施前後で，企業のマーケティング活動がどのように変化するかを考えてもらえれば，セグメンテーションの価値が理解してもらえるはずである．

6.1.2　セグメンテーションの進め方とセグメントの評価

セグメンテーションは，次の2つのステップで実施する．

セグメンテーションの2つのステップ
1) 第1ステップでは，基準変数に基づき，市場を管理可能な数のグループとしてセグメント化する．
2) 第2ステップでは，第1ステップで構成されたセグメントの特性を

記述し，その価値を評価する．

　第1ステップは，顧客（消費者）を何らかの基軸で分類するステップであり，この点は次項以降で詳述する．一方，第2ステップは，第1ステップで得られたセグメントを記述・解釈し，ターゲティングで活用できるように個々のセグメントを評価するステップである．第2ステップの目的は，セグメントのメンバーが市場のどこにおり，また，どのようにしたらその人々に働きかけることができるのかを明らかにすることである．本ステップでの評価は，「頑健性」，「識別性」，「収益性」および「アクセス可能性」の4つの視点から行う．それらの概要は，それぞれ下記のように整理できる．

セグメンテーションの評価
1) 頑健性：同一セグメント内の顧客は，基準に関して十分に同質的でなければならない
2) 識別性：セグメントは，他セグメントと比較して違いがなければならない
3) 収益性：セグメントは，そのセグメントターゲットとしてマーケティングを実施するに値する十分な大きさがなければならない
4) アクセス可能性：各セグメントの顧客には，個別に到達可能でなくてはならない

　これらの評価は，利用可能なデータの関係ですべてを行えないこともあるが，セグメンテーション分析の結果を有効に活用するためには，できる限り上記の観点から構成したセグメント評価をしなければならない．

6.1.3　セグメンテーションの方法

　市場をセグメント化するアプローチは数多く存在し，多くの手法が提案されている．一般的に，洗練された手法でセグメンテーションするには，統計学や関連領域の知識を必要とする．明確に特徴のあるセグメントであれば，どのような手法を採用したとしても出現するが，それに比べて弱い特徴のセグメントは，採用した手法自体の能力の違いで抽出できる場合も，抽出できない場合もある．その視点から考えれば，手法の選択は重要である．ただし，統計的に洗

練された手法を採用することで,シンプルな手法では抽出できないセグメントを発見できたからといって,企業の利益につながるか？　というマネジリアルな意味で有用かどうかは別である．一般的に,万能なセグメンテーション手法は存在しないため,より精度が高く意味のある市場セグメントを見出すためには,手法を変えたり,用いるデータを変えてたりして繰り返しセグメンテーションを行い,6.1.2項で示した観点でセグメントを評価しなければならない．

セグメンテーションには以下の3つの代表的なアプローチが存在する．

> セグメンテーションのタイプ
> 1) ア・プリオリ・セグメンテーション
> 2) クラスタリング・セグメンテーション
> 3) 潜在クラス・セグメンテーション

ア・プリオリ・セグメンテーションでは,マーケティング実務の経験やマーケティング・リサーチで蓄積されている知見を参考に,データとして観測される特性（基準変数）に基づき顧客（消費者）を分類する．本アプローチの前提は,分類に用いる基準変数が潜在的な顧客ニーズや行動などの違いに関連づけられると仮定する点である．たとえば,自動車市場の消費者へのマーケティングを念頭に,基準変数として「性別」を用いることが多いのは,男女間で自動車に対して求めるものに差があることを反映している,などと考えてもらえればよい．ア・プリオリ・セグメンテーションは「簡便性」と「わかりやすさ」といった利点を有する．仮に,分類の基軸として意味があると考える基準変数（性別・年齢など）が1つしか存在しない場合,グループ分けは簡単であるし,得られたグループへの到達可能性は高い．一方で,基準変数に関する事前の知見がない,またはその候補が多数あるような場合には,変数の組み合わせ数が多くなり,合理的な分類にならないことも多い．

クラスタリング・セグメンテーションは,その名のとおりクラスター分析と呼ぶ分類技法を用いるセグメンテーション手法である．本アプローチは,概念的に理解しやすく,次に示す潜在クラス・セグメンテーションより統計的な処理が簡便であるため,用いられることが多い．大まかな手順は,観測される多次元の基準変数を少数の変数に縮約し,縮約した変数に基づきセグメンテーショ

ンを行う．通常，観測変数の縮約には因子分析や主成分分析などを用い，それに基づく顧客（消費者）のセグメンテーションにはクラスター分析手法を用いる．クラスタリング・セグメンテーションは，多数の基準変数の候補がある場合や基準変数が連続値をとる場合に用いることができる．また，本アプローチを用いれば，背後にある潜在的構造まで反映したセグメントを構成でき，顧客グループを現実的に評価できる．この点も本アプローチの利点である．しかし，クラスタリング・セグメンテーションで得られたセグメントは，標的セグメントへの到達可能性の観点で困難が生じやすく，その点がデメリットといえる．

　潜在クラス・セグメンテーションは，3つのアプローチの中では統計的に最も洗練されたアプローチである．本アプローチは名前のとおり，**潜在クラスモデル**と呼ばれる統計モデルを用いるセグメンテーション法である．前述した2つのアプローチでは，基本的に何らかの因果性に基づく統計モデルは仮定していなかった．一方で，本アプローチでは，背後にある因果関係の構造を明示的に統計モデルとして仮定するため，セグメントに関する統計的推測を行える．この点が，本アプローチの最大の利点である．また，前述の2つのアプローチでは，消費者はどこかのセグメント1つだけに属することになるが，潜在クラス・セグメンテーションを用いた場合，消費者は確率的に複数のセグメントに属することになる．所属が，必ずしもどこか1つのセグメントだけに限定されるわけではない．この点が，本アプローチの利点の1つである．一方で本アプローチは，前述のアプローチよりも相対的に多くのデータを必要とし，また解析には統計的知識も要する．また，クラスタリング・セグメンテーションと同じく，標的セグメントへの到達可能性の観点で困難が生じやすい．これらの点は本アプローチのある種のデメリットになる．

　以降には，潜在クラス・セグメンテーションを念頭に潜在クラスモデルを説明し，実際のデータに適用した事例を紹介する．ア・プリオリ・セグメンテーションとクラスタリング・セグメンテーションの詳細は，照井・佐藤 (2013) を参照してほしい．

6.2 潜在クラスモデル

6.2.1 基本モデル

本項では，潜在クラスモデルの基本モデルを説明する．潜在クラスモデルは，統計的には有限混合モデルと呼ばれる．有限混合モデルは，2つ以上の確率密度関数（目的変数が連続型の場合）あるいは確率関数（目的変数が離散型の場合）の凸結合として表現する統計モデルであり，具体的には複数の確率密度関数（確率関数）をある比率で混合することで，1つのモデルを構成するモデル化技法である．図 6.3 には，混合するセグメントが2つの場合を念頭に有限混合モデルのイメージを示した．α_1 が 1 に近ければ $f(y|\theta_1)$ が支配的に，α_1 が 0 に近ければ $f(y|\theta_2)$ が支配的に機能し，データ y が生成されると理解してもらえばよい．セグメント数は未知であり，セグメント数の異なるモデルを複数推定し，それらのモデル比較により決定する．潜在クラスが前述のセグメントに対応することになる．これが有限混合モデルを潜在クラスモデルと呼ぶゆえんである．混合するセグメントが 2 より大きい場合でも，このイメージを拡張してもらえばよい．有限混合モデルを用いれば，1つの母集団からデータが生じているとは考えづらいデータでも，柔軟にモデリングできる．

はじめに一般的な形式で有限混合モデルを定式化する．$\boldsymbol{Y}_i = (Y_{i1}, \ldots, Y_{iL})^t$ を L 次元確率変数ベクトルとし，その実現値ベクトル（観測値）を $\boldsymbol{y}_i = (y_{i1}, \ldots, y_{iL})^t$ とする．このとき，式 (6.1) が有限混合モデルの定義になる．

$$p(\boldsymbol{y}_i|\boldsymbol{\Theta}) = \sum_{k=1}^{K} \alpha_k f(\boldsymbol{y}_i|\boldsymbol{\theta}_k) \tag{6.1}$$

$f(\boldsymbol{y}_i|\boldsymbol{\theta}_k), \alpha_k$ および K は，第 k セグメントの確率密度関数（確率関数）と混合比率および最大セグメント数をそれぞれ示す．また，$\boldsymbol{\Theta} = (\alpha_1, \ldots, \alpha_K, \boldsymbol{\theta}_1, \ldots, \boldsymbol{\theta}_K)$ はパラメータの集合を示す．有限混合モデルでは，凸結合の仮定より，混合比率 α_k に対して式 (6.2) と式 (6.3) の制約を課す．

$$\alpha_k \geq 0, k = 1, \ldots, K \tag{6.2}$$

$$\sum_{k=1}^{K} \alpha_k = 1 \tag{6.3}$$

6.2 潜在クラスモデル

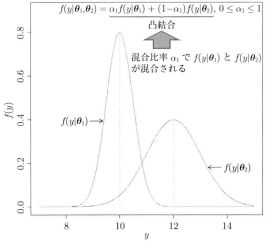

図 6.3 有限混合モデルのイメージ

特に式 (6.3) は，一般性を失うことなしに $\alpha_K = 1 - \sum_{k=1}^{K-1} \alpha_k$ と仮定できる．これらの性質によって，式 (6.1) の $p(\boldsymbol{y}_i|\boldsymbol{\Theta})$ が確率密度関数（確率関数）になることが保証される．

有限混合モデルの枠組みでモデル化する場合，最大の課題は $f(\boldsymbol{y}_i|\boldsymbol{\theta}_k)$ の定式化である．ここまで，L 次元 $(L>1)$ の $\boldsymbol{y}_i$ を仮定して有限混合モデルを説明してきたが，6.2.2 項にはその特殊形として $L=1$ のケースを取り上げ，$f(y_i|\boldsymbol{\theta}_k)$ として，3.3 節で紹介したポアソン回帰モデルを用いた有限混合モデルを説明する．y_i がどういった尺度のデータなのかにも依存するが，3.2 節に示した線形回帰モデルや 4.2 節に示した非集計ロジットモデルなども $f(y_i|\boldsymbol{\theta}_k)$ の具体的なモデルになりうる．モデルの適用範囲を検討する上で重要な点なので，紹介しておく．

6.2.2　潜在クラスポアソン回帰モデル

本項では，3.3 節で説明したポアソン回帰モデルの有限混合モデル（潜在クラスモデル）を説明する．式 (6.4) が基本となるポアソン分布である．y_i は個人 i の特定カテゴリの購買回数のようなカウントデータを示し，μ_k はセグメント k の平均（分散）パラメータを示す．

$$f\left(y_i|\mu_k\right) = \frac{\mu_k^{y_i} \exp\left(-\mu_k\right)}{y_i!} \tag{6.4}$$

3.3 節に示したように，式 (6.4) に共変量を取り込むには式 (6.4) の μ_k を式 (6.5) のように構造化すればよい．なお，このように構造化すると μ_k が $\boldsymbol{x}_i$ によって変動することになる．そのため，式 (6.5) では μ_k を μ_{ik} と記述している．

$$\mu_{ik} = \exp\left(\boldsymbol{x}_i^t \boldsymbol{\beta}_k\right) \tag{6.5}$$

$\boldsymbol{x}_i = \left(x_i^0, x_i^1, \ldots, x_i^p\right)^t$（$x_i^0$ は通常 1，上付添え字の t は転置を示す）とし，その影響度を示すセグメント k のパラメータを $\boldsymbol{\beta}_k = \left(\beta_{0k}, \beta_{1k}, \ldots, \beta_{pk}\right)^t$ とする．式 (6.1) に式 (6.4) と式 (6.5) を代入すれば，潜在クラスポアソン回帰モデル，式 (6.6) が得られる．

$$\begin{aligned} p\left(y_i|\boldsymbol{\Theta}\right) &= \sum_{k=1}^{K} \alpha_k f\left(y_i|\boldsymbol{\beta}_k\right) \\ &= \sum_{k=1}^{K} \alpha_k \frac{\left(\exp\left(\boldsymbol{x}_i^t \boldsymbol{\beta}_k\right)\right)^{y_i} \exp\left(-\exp\left(\boldsymbol{x}_i^t \boldsymbol{\beta}_k\right)\right)}{y_i!} \end{aligned} \tag{6.6}$$

式 (6.6) の場合，$\boldsymbol{\Theta} = \left(\alpha_1, \ldots, \alpha_K, \boldsymbol{\beta}_1, \ldots, \boldsymbol{\beta}_K\right)$ が推定すべきパラメータになる．

6.2.3　潜在クラスポアソン回帰モデルの推定とセグメント数の決定

6.2.2 項の式 (6.6) に示した潜在クラスポアソン回帰モデルでも，これまでの章と同様に，最尤法でパラメータ $\boldsymbol{\Theta}$ を推定する．式 (6.7) が顧客間の独立性を仮定した場合のポアソン回帰モデル式 (6.6) の尤度関数になる．

$$L\left(\boldsymbol{\Theta}\right) = \prod_{i=1}^{N} \sum_{k=1}^{K} \alpha_k \frac{\left(\exp\left(\boldsymbol{x}_i^t \boldsymbol{\beta}_k\right)\right)^{y_i} \exp\left(-\exp\left(\boldsymbol{x}_i^t \boldsymbol{\beta}_k\right)\right)}{y_i!} \tag{6.7}$$

N，K は顧客数，仮定するセグメント数をそれぞれ示す．式 (6.8) が対数尤度関数になる．

$$\begin{aligned} l\left(\boldsymbol{\Theta}\right) &= \log\left(L\left(\boldsymbol{\Theta}\right)\right) \\ &= \sum_{i=1}^{N} \log\left(\sum_{k=1}^{K} \alpha_k \frac{\left(\exp\left(\boldsymbol{x}_i^t \boldsymbol{\beta}_k\right)\right)^{y_i} \exp\left(-\exp\left(\boldsymbol{x}_i^t \boldsymbol{\beta}_k\right)\right)}{y_i!}\right) \end{aligned} \tag{6.8}$$

第3章から第5章に示したモデルの場合，対数尤度関数の性質は悪くなく，通常のニュートン法などを利用した最適化でも問題は生じない．しかし，式 (6.8) の対数尤度関数は，対数の中に和の形が残ってしまい，これまで紹介したモデルの対数尤度に比べてその形状が非常に複雑になる．そのため，ニュートン法などを用いた数値的最適化では収束しないといった数値計算上の問題が生じやすい．この問題に対処するために，潜在クラスポアソン回帰モデルを含む有限混合モデルでは通常，EM アルゴリズム（本章末の［発展］を参照）を用いて，最尤推定を実施する．この周辺は，里村 (2010) に詳述されているので，参照してほしい．

セグメント数の決定には，2.3 節に示した AIC や BIC などの情報量規準を用いればよい．具体的には，異なるセグメント数のモデルをすべて推定し，AIC や BIC を算定し，モデル選択を実施する．セグメント数 K は，選択されたモデルのクラス数をもって，最適なセグメント数とする．なお，AIC と BIC では，その統計量の性質からモデル選択結果が一致するとは限らない．有限混合モデルのモデル選択には，一般に BIC を採用することが多い．

6.2.4 消費者のセグメントへの割りつけ

各消費者がどのセグメントに属するかは，モデル推定結果から直接獲得できるわけではない．消費者は，属するクラスに事後的に割りつけられる．モデルパラメータの最尤推定量 $\widehat{\boldsymbol{\Theta}} = \left(\widehat{\alpha}_1,\ldots,\widehat{\alpha}_K,\widehat{\boldsymbol{\beta}}_1,\ldots,\widehat{\boldsymbol{\beta}}_K\right)$ が獲得できている仮定で，以降の説明を行う．消費者 i がセグメント k に属する確率 π_{ik} は式 (6.9) で評価できる．

$$\pi_{ik} = \Pr\left(i \in k | \widehat{\boldsymbol{\Theta}}\right) = \frac{\widehat{\alpha}_k f\left(y_i | \widehat{\boldsymbol{\beta}}_k\right)}{\sum_{j=1}^{K} \widehat{\alpha}_j f\left(y_i | \widehat{\boldsymbol{\beta}}_j\right)} \tag{6.9}$$

式 (6.9) の所属確率を用いて，消費者 i をセグメントに割りつける 1 つの考え方として，式 (6.10) を用いることができる．

$$z_i = \mathrm{argmax}_k \left(\pi_{ik}\right) \tag{6.10}$$

なお，z_i は，消費者 i がどのセグメントに属するかを示す変数であり，$1,\ldots,K$

のいずれかの値をとる．式 (6.10) は，消費者ごとに $\pi_{ik}, k = 1, \ldots, K$ の中で最大の確率をもつセグメントに消費者を割り当てることを意味する．

6.2.5 潜在クラス分析の事例

a. データの状況

本項には，潜在クラスモデル（有限混合モデル）によるセグメンテーションの分析事例を紹介する．事例では，310 人のスーパーマーケット顧客の ID 付 POS データを用いる．データには，顧客ごとの「醬油カテゴリの購買回数」と集計対象商品（9 商品）それぞれの「購買時平均価格掛率」（売価 ÷ 最大売価の平均）が含まれる．平均価格掛率は，顧客それぞれの醬油購買時の店頭の状況を示すものと考えてもらいたい（通常の価格の意味ではない）．目的変数は，商品をつぶして集計値である醬油カテゴリの購買回数であり，一方で購買時平均価格掛率は商品ごとのデータであるため，価格が低下すれば購買回数が増え，価格が上昇すれば購買回数が減るという負の相関関係になるとは限らない．推定結果の解釈上重要な点なので留意してほしい．

図 6.4 には，醬油合計購買回数を算定する際の集計対象とした 9 商品の，集計レベル購買回数シェアを示す．個々のブランドの購買回数は今回の事例ではモデル化しないが，参考までに提示した．H>D>C>A>B>F>I>G>E となっている．図中，比率の上に示した数字は当該商品のグレードの参考指標として示した通常売価である．商品 A のみがプライベートブランドであり，他はナショナルブランドである．図 6.5 には，目的変数とする顧客ごとの醬油購買回数の分布状況を示した．購買回数が大きいほうに裾の重い分布になっている．

図 6.6 には，各顧客の平均価格掛率と購買回数を商品ごとに示した．商品 A は前述のようにプライベートブランドであり，価格変動がほぼないため図示していない（説明変数にも用いない）．図中に示した顧客はいずれの商品でも共通であるが，商品によってその分布には差がある．商品 H のように最も購買回数シェアが高い商品の場合，価格の変動幅が大きく，その設定次第で期間計の購買回数に差が生じる．一方で，商品 E のように購買回数シェアが低い商品の場合，価格の変動幅が小さく，図だけからではその設定次第で購買回数が変動するかどうかは判断できない．

6.2 潜在クラスモデル

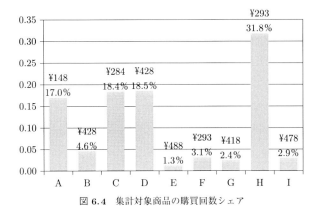

図 6.4 集計対象商品の購買回数シェア

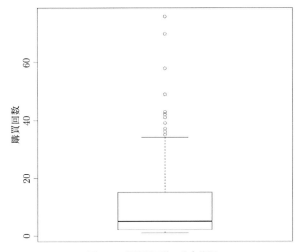

図 6.5 総購買回数の分布状況

以上総括すると，下記の囲みのように整理できる．

探索的なデータ分析からの知見
1) 消費者個々で購買傾向（ある特定の商品ばかりを購買する，いろいろな商品を購買するなど）に違いがある
2) 購買回数は消費者ごとに違いがある
3) 店頭での個々の商品の価格設定によって，購買回数に影響する商品としない商品が存在する

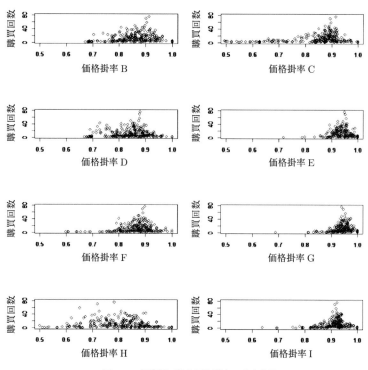

図 6.6 総購買回数と価格掛率の分布状況

b. モデル

表 6.1 には，以降のモデルで用いる記号を整理した．6.2.2 項の議論を踏まえ，$\bm{x}_i = \left(x_i^0, x_i^1, \ldots, x_i^8\right)^t$ および $\bm{\beta}_k = (\beta_{0k}, \beta_{1k}, \ldots, \beta_{8k})^t$ とし，y_i がポアソン分布に従うものと仮定する．

式 (6.11) が，式 (6.5) の対数を $K=2$ の場合で具体的に記述したモデルである．$K>2$ になれば，式 (6.11) に示す方程式数が増え，推定しなければならないパラメータ数が増える．

$$\begin{aligned}\log(\mu_{i1}) &= \beta_{01}x_i^0 + \beta_{11}x_i^1 + \cdots + \beta_{81}x_i^8 \\ \log(\mu_{i2}) &= \beta_{02}x_i^0 + \beta_{12}x_i^1 + \cdots + \beta_{82}x_i^8\end{aligned} \quad (6.11)$$

なお，c では，式 (6.11) との比較として定数項だけのモデル式 (6.12) を推定し，比較を実施する．

6.2 潜在クラスモデル

表 6.1 潜在クラスモデルで用いる変数

変数	説明
y_i	顧客 i の醤油購買回数 ($i = 1, \ldots, 310$)
x_i^0	1（定数項用の説明変数）
x_i^1	顧客 i の醤油購買時の商品 B の平均価格掛率の対数
x_i^2	顧客 i の醤油購買時の商品 C の平均価格掛率の対数
x_i^3	顧客 i の醤油購買時の商品 D の平均価格掛率の対数
x_i^4	顧客 i の醤油購買時の商品 E の平均価格掛率の対数
x_i^5	顧客 i の醤油購買時の商品 F の平均価格掛率の対数
x_i^6	顧客 i の醤油購買時の商品 G の平均価格掛率の対数
x_i^7	顧客 i の醤油購買時の商品 H の平均価格掛率の対数
x_i^8	顧客 i の醤油購買時の商品 I の平均価格掛率の対数
$\alpha_1, \ldots, \alpha_{k-1}$	混合比率を示すパラメータ
$\beta_{0k}, \ldots, \beta_{pk}$	セグメント k ($k = 1, \ldots, K$) の反応パラメータ

$$\begin{aligned} \log(\mu_{i1}) &= \beta_{01} \\ \log(\mu_{i2}) &= \beta_{02} \end{aligned} \quad (6.12)$$

最後に，式 (6.11) あるいは式 (6.12) の指数を，式 (6.6) に代入すればモデルの定式化は完了である．

c. モデル推定結果

表 6.2 には，比較検討するモデルを示した．セグメント数は 2, 3, 4 のみとし，回帰モデル（式 (6.11)）と定数項のみモデル（式 (6.12)）を考える．表中の数字は推定するパラメータ数を示す．セグメント数を増やしたり，回帰モデルの説明変数を加除するなどして，モデルを拡張することは可能だが，ここでは表 6.2 に示したモデルに限定し，議論を進める．

潜在クラスモデル（有限混合モデル）の推定で用いる EM アルゴリズムは，パラメータの初期値に影響を受けやすい．本事例分析では，表 6.2 の各モデルとも 50 個ずつ初期値を変え推定し，各モデルごとにモデル比較を行い，各セルごとの最良のモデルを決めたのち，各セル間でモデル比較し最終モデルを決定した．モデル比較には，6.2.3 項に示した BIC を用いた．表 6.3 には，仮定し

表 6.2 検討モデル表

セグメント数	回帰モデル [式 (6.11)]	定数項のみモデル [式 (6.12)]
2	19	3
3	29	5
4	39	7

表 6.3 モデルごとの最大対数尤度と BIC

セグメント数	回帰モデル [式 (6.11)]		定数項のみモデル [式 (6.12)]	
	最大対数尤度	BIC	最大対数尤度	BIC
2	-1087.13	2283.26	-1207.44	2432.09
3	-978.80	2123.97	-1062.50	2153.69
4	-946.92	**2117.58**	-1041.40	2122.95

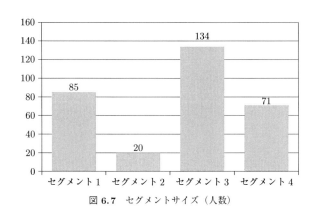

図 6.7 セグメントサイズ (人数)

たすべてのモデルの最大対数尤度と BIC を示す．BIC によれば，セグメント数が 4 のポアソン回帰モデルが最良だとわかる．以降は，当該モデルの推定結果に基づき検証を進める．

図 6.7 には，式 (6.10) に基づき各消費者をセグメントに割り当てた結果である．セグメント 3 > セグメント 1 > セグメント 4 > セグメント 2 の順で，その規模が小さくなる．

セグメンテーション解析では，6.1.2 項に説明したようにセグメンテーション実施後に，構成されたセグメントの特徴を記述しなければならない．はじめにモデルの推定結果より得られる，セグメントごとの反応係数の違いを検証する．有限混合ポアソン回帰モデルの場合，各セグメントを特徴づけるのは回帰係数である．表 6.4〜6.7 には，各セグメントごとの回帰係数の推定結果を示した．以降では，有意水準を 5% として議論をすすめる．セグメント 1 の反応係数は定数項を除いて，有意なパラメータはない．セグメント 2 は，商品 G (β_{62})，H (β_{72})，I (β_{82}) の平均価格掛率の対数が負で有意となっている．セグメント 3 は，商品 D (β_{33})，E (β_{43})，H (β_{73}) の平均価格掛率の対数が負で有意と

6.2 潜在クラスモデル

表 6.4 セグメント 1 回帰係数推定結果

セグメント 1	推定量	標準誤差	z-値	$\Pr(>|z|)$
β_{01}	**1.0547**	0.2822	3.7372	0.000
β_{11}	0.5031	0.9110	0.5522	0.581
β_{21}	-0.0199	0.4974	-0.0399	0.968
β_{31}	0.1687	1.1156	0.1512	0.880
β_{41}	-0.5992	1.5534	-0.3857	0.700
β_{51}	0.4637	0.7418	0.6251	0.532
β_{61}	-0.2373	1.6406	-0.1446	0.885
β_{71}	-0.1679	0.5119	-0.3279	0.743
β_{81}	0.4122	1.0928	0.3772	0.706

表 6.5 セグメント 2 回帰係数推定結果

セグメント 2	推定量	標準誤差	z-値	$\Pr(>|z|)$
β_{02}	0.6886	0.6899	0.9981	0.318
β_{12}	3.2114	3.6658	0.8761	0.381
β_{22}	3.1202	1.5971	1.9537	0.051
β_{32}	2.5861	3.4506	0.7495	0.454
β_{42}	-1.3367	2.7464	-0.4867	0.626
β_{52}	0.1712	2.6332	0.0650	0.948
β_{62}	$-\mathbf{41.8553}$	4.7353	-8.8391	$<2.20\text{E-}16$
β_{72}	$-\mathbf{4.0330}$	0.5646	-7.1432	0.000
β_{82}	$-\mathbf{9.0334}$	3.5000	-2.5810	0.010

表 6.6 セグメント 3 回帰係数推定結果

セグメント 3	推定量	標準誤差	z-値	$\Pr(>|z|)$
β_{03}	**1.1403**	0.2816	4.0490	0.000
β_{13}	-0.1933	1.5904	-0.1215	0.903
β_{23}	1.0637	0.5758	1.8475	0.065
β_{33}	$-\mathbf{3.5048}$	1.2990	-2.6982	0.007
β_{43}	$-\mathbf{9.4343}$	1.7442	-5.4091	0.000
β_{53}	1.7992	1.0683	1.6842	0.092
β_{63}	-1.5874	1.5320	-1.0362	0.300
β_{73}	$-\mathbf{1.1068}$	0.4757	-2.3268	0.020
β_{83}	1.9873	1.2573	1.5807	0.114

なっている．セグメント 4 は商品 B (β_{14})，C (β_{24})，G (β_{64})，I (β_{84}) の平均価格掛率の対数が正で有意に，F (β_{54}) の平均価格掛率の対数が負で有意となっている．

表 6.8 には，セグメントごとの購買商品特性を示した．バラエティ・シーカーは，購買回数比率が A から I でいずれも 60% を超えない消費者とした．一方，

表 6.7 セグメント 4 回帰係数推定結果

セグメント 4	推定量	標準誤差	z-値	$\Pr(>|z|)$
β_{04}	**4.8069**	0.2742	17.5286	<2.20E-16
β_{14}	**2.5936**	1.1509	2.2535	0.024
β_{24}	**4.6883**	0.4998	9.3810	<2.20E-16
β_{34}	−0.9099	0.9767	−0.9316	0.352
β_{44}	2.3068	2.1585	1.0687	0.285
β_{54}	**−3.3223**	1.0089	−3.2931	0.001
β_{64}	**6.7411**	2.1669	3.1109	0.002
β_{74}	−0.0302	0.3227	−0.0935	0.926
β_{84}	**8.3222**	1.6152	5.1523	0.000

表 6.8 セグメントごとの購買商品特性

顧客タイプ	セグメント 1	セグメント 2	セグメント 3	セグメント 4	全体
バラエティ・シーカー	**38.8%**	25.0%	31.3%	33.8%	33.5%
A 商品ロイヤル	11.8%	**20.0%**	14.2%	12.7%	13.5%
B 商品ロイヤル	1.2%	0.0%	2.2%	**5.6%**	2.6%
C 商品ロイヤル	14.1%	**25.0%**	17.2%	22.5%	18.1%
D 商品ロイヤル	9.4%	**15.0%**	13.4%	12.7%	12.3%
E 商品ロイヤル	0.0%	0.0%	**1.5%**	0.0%	0.6%
F 商品ロイヤル	**2.4%**	0.0%	2.2%	1.4%	1.9%
G 商品ロイヤル	**3.5%**	0.0%	2.2%	0.0%	1.9%
H 商品ロイヤル	**16.5%**	10.0%	13.4%	9.9%	13.2%
I 商品ロイヤル	2.4%	**5.0%**	2.2%	1.4%	2.3%

商品ロイヤルに分類される消費者は該当商品の購買回数比率が60%以上であることを意味する．セグメント1はバラエティ・シーカーと最もシェアの高いH商品ロイヤルな消費者が多い．セグメント2はシェアが高いA商品とC商品のロイヤルな消費者が多い．セグメント3は，他のセグメントにはロイヤルな消費者がいないE商品ロイヤルな消費者が含まれる．セグメント4は，比較的グレードの高めのB商品ロイヤルな消費者が多い．セグメントごとに購買商品特性の傾向でも違いが生じている．

最後に各セグメントと消費者のデモグラフィクスの関係を検証する．このステップは，6.1.2項に示したセグメントの評価の一貫と考えてもらえればよい．必ずしも明確な関係性が出ないこともあるが，各セグメントの消費者像をイメージできるようにするために，データが利用可能である場合，実施すべきステップである．図6.8には，消費者の性・年齢階層（上図）と家族人数（下図）の比

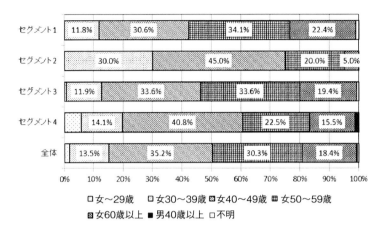
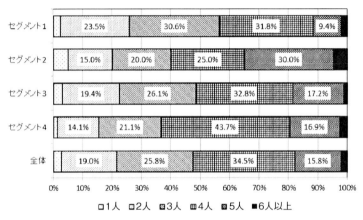

図 6.8 セグメントごと性・年齢階層比率（上）と家族人数比率（下）

率を示す．性・年齢階層でみると，セグメント1と3が比較的年齢階層が高め，セグメント2と4が年齢階層が低めの特徴を有する．家族人数でみると性・年齢階層とリンクするがセグメント1と3が比較的家族人数が少なめ，セグメント2と4が家族人数が多めの傾向である．

■まとめと文献紹介

本章では，有限混合モデル（潜在クラスポアソン回帰モデル）を解説し，そのモデルのセグメンテーションへの適用事例を紹介した．セグメンテーションは，マーケティング戦略立案のために必要不可欠のステップである．セグメンテーションにはモデリ

ングアプローチではなく，もっと簡便なアプローチが存在する．しかし，精緻なセグメント理解を狙いとした場合，モデリングによらないアプローチでは不十分である．潜在クラスモデル（有限混合モデル）は，理解さえできてしまえば，適用範囲が広く他のマーケティング現象のモデル化でも威力を発揮する．他の章と同様に，十分理解を深めてほしい．

潜在クラスモデル（有限混合モデル）を用いないセグメンテーションに関しては，照井・佐藤 (2013) に考え方と適用事例が示されている．また，潜在クラスセグメンテーションに関しては，里村 (2010) にモデル化の考え方，EM アルゴリズムの詳細などが示されている．セグメンテーションの基本，それ自体がマーケティングの基本でもあるため，多くの教科書で紹介されている．自身の興味に見合う書籍で知識を深めてほしい．

［発展］ EM アルゴリズム

本章で紹介した有限混合モデルの推定には，EM アルゴリズムを用いた．本節では EM アルゴリズムの概要を紹介する．本章で紹介したように有限混合モデルは，クラスごとのパラメータ（回帰係数）のほかに各クラスの混合比率を決めているパラメータをも推定しなければならない．そのため，通常最尤法で用いられるニュートン法（2.3 節参照）では，収束しない事態が発生する．EM（Expectation-Maximization）アルゴリズムは，不完全データの問題を完全データのフレームワークに落とし込み，逐次的にパラメータの最尤推定量を求めてゆく方法で，モデルが欠損値や潜在変数を含む（不完全データの）場合の推定法として一般的である．EM アルゴリズムは，ニュートン法などに比べて次に示すような利点を有する．

EM アルゴリズムの利点
1) 尤度が単調増加することが理論的に保証されており，アルゴリズムの振る舞いが安定している
2) アルゴリズムが単純であり，実装が非常に簡単である

以降で，$Y_i, Z_i, k = 1, \ldots, K$ は観測値と潜在クラスを示す確率変数とし，$W_i = (Y_i, Z_i)$ とする．この設定で，W_i，Y_i および Z_i を完全データ，不完全データ，欠損データと呼ぶ．式 (6.13) が個人 i の完全データ $W_i = (Y_i, Z_i)$ の尤度関数になる．

発展：EM アルゴリズム

$$p(W_i) = p(Y_i, Z_i) = L(\Theta|Y_i, Z_i) = p(Y_i|Z_i, \Theta) p(Z_i|\Theta)$$
$$= \prod_{k=1}^{K} \left(\alpha_k f(\boldsymbol{y}_i|\boldsymbol{\theta}_k) \right)^{I(Z_i=k)} \quad (6.13)$$

$I(Z_i = k)$ は定義関数であり, $I(Z_i = k) = 1$ ($Z_i = k$ のとき), $I(Z_i = k) = 0$ ($Z_i \neq k$ のとき) である. 有限混合モデルでの問題設定は, この定式化でいえば, Y_i は観測されるが Z_i は観測されないというものになる.

EM アルゴリズムは, 一般に適当な初期値 $\Theta^{(0)}$ からはじめ, 以下の 2 つのステップ（E ステップと M ステップ）を繰り返すことにより, パラメータを更新する. E ステップと M ステップを 1 つのステップとし, t ステップ目のパラメータ値を $\Theta^{(t)}$ とする.

EM アルゴリズム
1) E（Expectation）ステップ： 完全データの対数尤度の条件付期待値 $Q(\Theta|Y_i, \Theta^{(t)}) = E_{\Theta^{(t)}}\left(\log(p(Y_i, Z_i)) | Y_i, \Theta^{(t)} \right)$ を計算する
2) M（Maximization）ステップ： $Q(\Theta|Y_i, \Theta^{(t)})$ を Θ に関して最大化したものを $\Theta^{(t+1)}$ とおく

天下り的であるが有限混合モデルにおける上記の EM アルゴリズムを示すと以下のとおりになる. はじめに E ステップでは, 式 (6.14) を計算する.

$$\pi_{ik} = \Pr(Z_i = k|\Theta) = \frac{\alpha_k f(y_i|\boldsymbol{\beta}_k)}{\sum_{j=1}^{K} \alpha_j f(y_i|\boldsymbol{\beta}_j)} \quad (6.14)$$

次に M ステップでは, 式 (6.15) を最大化するように Θ すなわち $\alpha_k, \boldsymbol{\beta}_k, k = 1, \ldots, K$ を求める.

$$Q\left(\Theta|Y_i, \Theta^{(t)}\right) = \sum_{k=1}^{K} \sum_{i=1}^{N} \pi_{ik} \log(\alpha_k f(y_i|\boldsymbol{\beta}_k)) \quad (6.15)$$

この導出に関しては, 前述したが里村 (2010) などを参照してほしい.

Chapter 7
消費者態度の形成メカニズムのモデル化

　本章では，アンケートデータなどで取得された消費者態度データを解析する際に用いられることが多い共分散構造モデルを取り上げる．本章で紹介するモデルは，潜在変数である構成概念を表現可能なモデルであり，その活用範囲は広い．また，マーケティングや消費者行動理論などにおいて因果性の検証を行う際にも有用なモデルである．前章までに紹介したモデルとは，モデル化の考え方に違いがあるため注意して読み進めてほしい．

7.1 消費者の態度とは？

　第 3 章から第 6 章までの事例では，消費者の購買行動の帰結として得られる POS データや ID 付 POS データを用いたものであった．本章で取り扱う話題では，それとは異なり消費者の態度に関するアンケートデータを念頭においている．

7.1.1 消費者の態度

　消費者態度の説明に入る前に，消費者行動理論における購買意思決定の周辺を概観する．一般に消費者の購買意思決定は，「問題認識」，「情報探索」，「選択肢評価」，「購買意思決定」，「購買後評価」の 5 つのステージで構成されると考えられている．図 7.1 には，それらのフローを模式的に示した．各ステップはいずれも消費者の「頭の中」の処理である．図 7.1 を心理学的観点からとらえると，消費者の購買意思決定は，知覚，学習および情報処理を含む複雑な認知的プロセスになる．消費者購買意思決定のメカニズムは，この理論的枠組みを

7.1 消費者の態度とは？

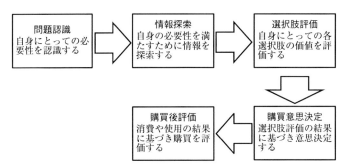

図 7.1　消費者意思決定の理論的枠組み

前提として研究されている．その研究対象の1つが，この頭の中の処理で形成される態度である．

学術的にいえば，態度とは心理学的構成概念であり，人に内在する無形のものを概念化したものである．そのため，態度を直接観察することはできない．態度とは「環境をどう知覚するかを体系づけ，それにどう反応するかの方向性を定める個人の心的状態」と定義できる．この態度の定義をマーケティングに当てはめて考えれば，ブランド，価格，プロモーションなどのマーケティングに関連する何らかの対象に対して，消費者の心の中に形成されるものが態度であり，ブランド名を知っている／知らない，広告が好き／嫌いといった方向性をもつもので，図7.1のような意思決定で活用される．一般的に態度は，「認知的成分」，「感情的成分」および「行動的成分」の3つで構成される．それぞれの成分は，消費者態度を構成する異なる側面をとらえる．はじめに態度の構成要素がとらえる概念は以下のようにまとめられる．

態度の構成要素

1) 認知的成分は，ある対象（ブランドなど）に対する消費者が有する情報を表現する．知名や評価が調査項目になる．
2) 感情的成分は，人のある対象に対する全体的な感情を要約する．選好や好意が調査項目になる．
3) 行動的成分は，ある対象に対する将来の行動の期待値として参照される．購入意図や再利用意図が調査項目になる．

7. 消費者態度の形成メカニズムのモデル化

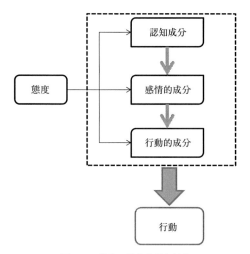

図 7.2 態度の構成要素と行動

図 7.2 には，態度と行動の関係を模式的に示した．実務レベルのマーケティングでの本質的な興味は，消費者の行動であることが多い．しかし，次の2つの理由から，マーケターは行動を測定する代わりに態度を測定する．1つ目の理由は，「態度が行動の予兆になること」である．態度を測定できれば行動をある程度予測できると考えられているのである．消費者があるブランドに対して好ましい態度を有していれば，それよりも態度レベルの低いブランドと比べて購買されやすい，といったごく自然な考え方をイメージしてもらえばよい．2つ目の理由は，「一般的に態度を尋ねるほうが，実際の行動を観察しその理由を明らかにしたり，解釈したりすることよりも容易に実現できること」である．態度尺度はその測定の容易性や説明の能力において，行動尺度よりも利点を有している．

もう少し態度と行動の関係性を概観する．消費者行動理論では，消費者を行動に駆り立てる概念として**動機づけ**という概念を用いる．動機づけが高まれば，行動が生じやすく，また逆の場合，行動が生じづらいと考える．この動機づけの観点から態度の行動に対する役割は，次の囲みに示す4つに分類できる．

態度の行動に対する役割
　1）調整（Adjustment）機能

消費者が環境に順応できるように調整する態度の機能
2) 自己防衛（Ego-Defensive）機能
消費者が自身の品位やイメージを維持できるようにする態度の機能
3) 価値表現（Value-Expressive）機能
消費者が自分の価値を示し，主体性を高めるようにする態度の機能
4) 知識（Knowledge）機能
消費者が自身の信念や知覚を形成し，整合性を保てるようにする態度の機能

　上述のように消費者が頭の中に保持している態度は，調整機能を有し，種々の対象物に対する感覚を形成する助けとなる知的な機能を保持する．また，価値を表現したり自己概念を反映する価値表現機能を保っており，不安や自尊感情を脅かすものから守る自己防衛的な機能ももっている．態度のこの機能が相互依存的に機能し，動機づけがなされ，さまざまな消費者行動が生じるのである．

7.1.2　消費者態度の測定

　7.1.1 項に示したように，消費者行動を全体を理解するには，行動に加えて態度を理解しなければならない．ただし，態度は行動の結果を示す ID 付 POS データや Web ログデータのような形式で自動的に取得することはできない．そのため，質問紙調査などの手段によって，態度を測定することになる．1.3.2 項において，測定尺度の類型を示しているが，本項では，さらに踏み込み態度に関する測定尺度を詳述する．

　図 7.3 には態度尺度の分類を示した．このように態度の尺度は，単項目尺度，多項目尺度および連続尺度の 3 つに分類できる．単項目尺度は，態度を 1 つの項目だけで測定する尺度であり，その利点は，測定が容易で分析しやすいことである．一方で欠点は，態度のように複雑な構成概念を 1 つの項目だけで測定できるのかといった理論的な批判に合理的な回答を準備できない点が挙げられる．多項目尺度は，単項目尺度とは異なり，態度を 2 つ以上の項目で測定する尺度であり，その利点は，複数の質問項目を用いて態度の構成概念を規定するため，安定的な態度測定を実現できることである．一方で，質問項目を構成す

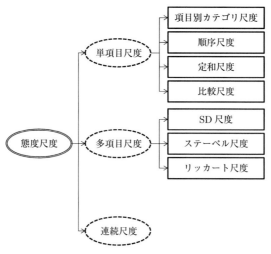

図 7.3 態度の測定尺の類型

るためには仮説がないと適切な質問項目を設定できず，またその仮説が妥当なものでない限り，正確な態度測定が実現できない．連続尺度は，態度を連続した値としてとらえる尺度であり，その利点・欠点は単項目尺度と共通である．下記の囲みは，単項目尺度と多項目尺度それぞれの細分化した尺度（図 7.3）の概要を示す．

単項目尺度の概要

1) 項目別カテゴリ尺度： 限定した選択肢から被験者に 1 つだけ選択してもらう尺度（図 7.4，1 段目）．

2) 順序尺度： 提示した選択肢を好ましさなどの観点から順序づけしてもらう尺度（図 7.4，2 段目）．

3) 定和尺度： 提示した選択肢を合計が 100 になるように評点づけしてもらう尺度（図 7.4，3 段目）．

4) 比較尺度： 他者との比較で，対象がどの程度勝っているか（劣っているか）を評価してもらう尺度（図 7.4，4 段目）．

7.1 消費者の態度とは？

項目別尺度

あなたはユニバーサル・スタジオ・ジャパンのアトラクションにどの程度満足しましたか？いずれかを選んでください．	非常に満足	満足	どちらでもない	不満	非常に不満

順序尺度

下記の5つのブランドを好きな順に順位づけしてください．最も好きなブランドを1,最も嫌いなブランドを5としてください．	ブランドA	ブランドB	ブランドC	ブランドD	ブランドE

定和尺度

あなたがノートPCを購入する際に，次の属性をどの程度重視しますか？どの程度重視するかを合計が100点になるように配分してください．	色	重量	クロックサイズ	メモリーサイズ	合計
					100

比較尺度

コカコーラとの比較で，ペプシコーラの味はどの程度でしょうか？当てはまるものを選択してください．	非常においしい	おいしい	どちらでもない	まずい	非常にまずい

図 7.4 単項目尺度の例
各尺度の概要は囲みを参照．

SD尺度	このファミリーレストランについて，最もよく当てはまるものに○をつけてください				
料理の味	1 良い	2	3	4	5 悪い
雰囲気	1 良い	2	3	4	5 悪い

ステーペル尺度	このファミリーレストランについて，最もよく当てはまるものに○をつけてください								
料理の味	−5	−4	−3	−2	−1	+1	+2	+3	+4	+5
雰囲気	−5	−4	−3	−2	−1	+1	+2	+3	+4	+5

リッカート尺度	あなた自身の買物行動について，それぞれの項目の当てはまるところに○をつけてください				
1.私は買物をする際に値引額が気になる	1 非常に当てはまる	2	3 どちらでもない	4	5 まったく当てはまらない
2.私は新商品が発売されるとすぐに購買したくなる	1 非常に当てはまる	2	3 どちらでもない	4	5 まったく当てはまらない
3.私は人が購入した商品と同じものを買いたくない	1 非常に当てはまる	2	3 どちらでもない	4	5 まったく当てはまらない

図 7.5 多項目尺度の例
各尺度の概要は囲みを参照．

> **多項目尺度の概要**
> 1) SD 尺度： 複数の双対尺度（反対の意味をなす2つの対）から構成され，当該対象への人々の反応を決定するのに用いられる（図7.5, 1段目）．
> 2) ステーペル尺度： SD 法を修正した尺度であり，ポジティブに n 段階，ネガティブに n 段階をつくり，各段階に $+$, $-$ の数字をつけただけの尺度（図7.5, 2段目）．
> 3) リッカート尺度： 態度の対象の何らかの要因・側面にかかわるいくつかの文を回答者に提示する尺度（図7.5, 3段目）．

7.2 共分散構造モデル（構造方程式モデル）

本節では，はじめに共分散構造モデルの基本事項を整理し，共分散構造モデルを構成する構造方程式モデルと因子分析モデル（測定方程式モデル）をそれぞれ解説する．次に，共分散の構造化とモデルの推定法を説明し，分析事例を紹介する．

7.2.1 共分散構造モデルの基本

共分散構造モデルは，**構成概念**と呼ぶ潜在変数間の関係を調べる際に用いられる．構成概念自体は観測できないが，観測変数が構成概念を導入することによって説明できると仮定し，モデリングする．ここで問題になるのは，構成概念をどのように構成するかである．いうまでもないが，単なる思いつきや思い込みで構成概念が「構成」できるわけではない（してはいけない）．一般に構成概念は，分析対象とする分野の基礎的な理論に加えて，実務上などで経験則として蓄えられた知見に基づき構成する．その際，構成概念に関する仮説だけではなく，構成概念間の因果関係に対しても仮説を立てなければならない．共分散構造モデルでは，仮説が重要な役割を担うのである．2.2節に示した理論の検証に対する姿勢でいえば演繹的な，換言すれば**仮説検証型アプローチ**をとる際に用いられるモデルが，共分散構造モデルなのである．この点が，第3〜6章

で説明してきた統計モデルとの大きな違いであり，モデルの活用に際して留意しなければならない．

共分散構造分析は，大雑把にいって下記の囲みの手順でなされる．

共分散構造分析の手順

1) 理論などに基づき，明らかにしたい現象の背後にあると考える構成概念を仮説化する
2) 設定した構成概念間の因果関係に関する仮説を設定する
3) 仮説を検証するためのデータをアンケート調査などにより取得する
4) 取得したデータを用いて，共分散構造モデルにより，事前に設定した仮説を検証する

図 7.6 は，共分散構造モデルのイメージを理解してもらうために示したパス図である．共分散構造モデルは，構造方程式モデル（7.2.2 項）＋ 因子分析モデル（7.2.3 項）で構成される統合的なモデルである．モデルを構成する要素

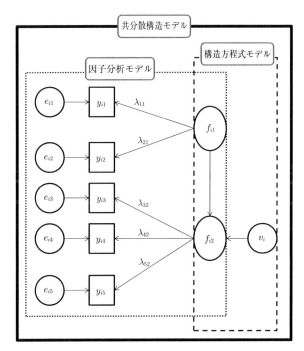

図 **7.6** 共分散構造モデルのパス図（多重指標モデルの場合）

は，観測データ y_{ij}（四角で囲む変数），潜在変数（共通因子）f_{ik}（楕円で囲む変数）およびノイズ（独自因子）e_{ij}, v_i（丸で囲む変数）である．共分散構造モデルでは，仮説構造を図 7.6 に示すようなパス図で表現し，y_{ij} と f_{ik} や f_{i1} と f_{i2} のような変数間の因果関係を検証的に評価する．

以降には，因子分析モデルと構造方程式モデルの要点に絞り説明する．基本的には，図 7.6 をベースに説明するが，その拡張は容易に実現できる．

7.2.2　構造方程式モデル

前項には，共分散構造モデルが構成概念間の因果性を検証する際に用いられるモデルであることを述べた．構成概念は，仮説に基づき構成するものであり，分析をする以前にすでに存在している．式 (7.1) は，図 7.6 に基づき定式化した構造方程式モデルである．

$$f_{i2} = \delta f_{i1} + v_i, \quad v_i \sim \mathrm{N}\left(0, \psi^2\right) \tag{7.1}$$

モデル構造は，表面上完全に回帰モデルと一致している．ただし，回帰モデルにおいて目的変数 f_{i2} や説明変数 f_{i1} は観測データであったが，構造方程式モデルでは潜在変数である．この点が大きな違いであり，7.2.3 項に示す因子分析モデルの出番となる．

7.2.3　因子分析モデル（測定方程式モデル）

因子分析モデルには，図 7.7 に示すように**探索的因子分析モデル**と**確認的因子分析モデル**がある．共分散構造分析以外で通常用いられる因子分析は，探索的因子分析であることが多い．探索的因子分析では，図 7.7 の上段に示すように共通因子（因子得点）からすべての観測データに対してパスを引く．探索的という言葉が示すように，モデルを推定し $\lambda_{j,k}$（因子負荷量）を推定し，その推定結果を事後的に解釈することで構造を探る．一方で確認的因子分析は，図 7.7 の下段に示すように共通因子からすべての観測データにパスが引かれるわけではない．共通因子からどの観測データにパスを引くかは，前述のように事前の仮説に基づき，決定する．一般に共分散構造分析では，確認的因子分析を用いてモデル化する．

7.2 共分散構造モデル（構造方程式モデル）

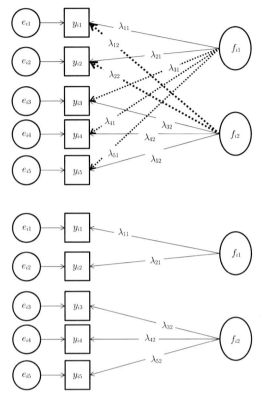

図 7.7 探索的因子分析モデル（上）と確認的因子分析モデル（下）

確認的因子分析を探索的因子分析との違いを意識して定式化すると，式 (7.2) となる（図 7.7 の場合）．

$$
\begin{aligned}
y_{i1} &= \lambda_{11} f_{i1} + \phantom{\lambda_{11}} 0 \times f_{i2} + e_{i1} \\
y_{i2} &= \lambda_{21} f_{i1} + \phantom{\lambda_{11}} 0 \times f_{i2} + e_{i2} \\
y_{i3} &= 0 \times f_{i1} + \phantom{\lambda_{11}} \lambda_{32} f_{i2} + e_{i3} \\
y_{i4} &= 0 \times f_{i1} + \phantom{\lambda_{11}} \lambda_{42} f_{i2} + e_{i4} \\
y_{i5} &= 0 \times f_{i1} + \phantom{\lambda_{11}} \lambda_{52} f_{i2} + e_{i5}
\end{aligned} \tag{7.2}
$$

式 (7.2) に示す（確認的）因子分析モデルは，モデルの形状自体は線形回帰モデルと同一である．ただし，回帰モデルの場合は説明変数は観測されており，回帰係数を推定する．一方で，因子分析では説明変数にあたる f_{ik} は観測されておらず，回帰係数にあたる因子負荷量と説明変数にあたる f_{ik} を同時に推定

しなければならない．f_{ik} を構成するためには，複数の方程式（式 (7.2) なら 5 つ．最低 2 つ以上）が存在しないと構成できない．一般に，因子分析では共通因子に次の 3 つの統計的仮定を課す．

共通因子に関する仮定
1) $\mathrm{E}(f_{ij}) = 0$，$\mathrm{Var}(f_{ij}) = 1$，$\mathrm{Cov}(f_{i1}, f_{i2}) = 0$，$j = 1, 2$ （f_{i1}, f_{i2} は独立で平均 0，分散 1）
2) $\mathrm{Cov}(f_{ij}, e_{ik}) = 0$，$(j = 1, 2; k = 1, \ldots, 5)$ （f_{ij} と e_{ik} は独立）
3) $\mathrm{Cov}(e_{ik_1}, e_{ik_2}) = 0$，$(k_1 \neq k_2)$ （e_{ik_1} と e_{ik_2} は独立）

なお，詳細なモデル化を実施する前に，観測した項目で共通因子が構成できるのかの確認をしなければならない．この確認には通常，式 (7.3) に示すクロンバックの α-信頼性係数を用いる．

$$\alpha = \frac{K}{1-K}\left(1 - \frac{\sum_{j=1}^{K} s_j^2}{s_{\mathrm{all}}^2}\right) \tag{7.3}$$

K，$\sum_{j=1}^{K} s_j^2$，s_{all}^2 は，項目（観測変数）数，各項目の分散の合計および合計点の分散をそれぞれ示す．一般に $\alpha \geq 0.8$ であれば，観測した変数で共通因子が構成できると判断する．

7.2.4 共分散の構造化と推定

7.2.2 項に示した構造方程式モデルと 7.2.3 項に示した因子分析モデルを定式化できれば，共分散構造モデルが定式化できたことになる．共分散構造モデルでは，式 (7.1) と式 (7.2) に基づき共分散を構造化し（共分散構造モデルの意味），標本分散–共分散行列を近似する形式でモデルを推定する．

共分散構造分析では，7.2.3 項に示した共通因子に関する仮定の囲みに加えて，モデルの識別性を担保するために，下記の仮定を課すことになる．

識別を担保するための追加的仮定
1) 確認的因子分析の潜在因子の分散は 1 に固定する
2) 外生的潜在変数の分散を 1 に固定した場合，その指標の因果係数（因子負荷量）はすべて制約を課さないパラメータにする
3) 外生的潜在変数（図 7.6 でいえば f_{i1} のように矢印が刺さらない潜

7.2 共分散構造モデル（構造方程式モデル）　111

在変数）の分散を 1) のように 1 に固定しない場合，代わりに 1 つの因果係数を 1 に固定する

式 (7.1) と式 (7.2) に基づき共分散を構造化したモデルを $\Sigma(\boldsymbol{\theta})$ とし，標本分散共分散行列を S とする．$\boldsymbol{\theta}$ は，因子負荷量，観測データの誤差分散，共通因子の分散などを含むパラメータベクトルを示す．図 7.8 には，観測データ間の共分散の構造化を説明するために，識別性の制約を考慮しないモデルを示した．この図に基づき，共分散を構造化する．式 (7.4) は，図 7.8 に基づき共分散構造をモデル化した結果である．行列の対角成分は，観測データ個々の分散を示し，非対角成分は共分散を示す．$\Sigma(\boldsymbol{\theta})$ は対称行列であるため，行列の上三角部分は，下三角の対応する成分に等しい．

$$\Sigma(\boldsymbol{\theta}) =$$
$$\begin{bmatrix} \lambda_{11}^2\varphi^2+\tau_1^2 & & & & \\ \lambda_{11}\lambda_{21}\varphi^2 & \lambda_{21}^2\varphi^2+\tau_2^2 & & & \\ \lambda_{11}\delta\lambda_{32}\varphi^2 & \lambda_{21}\delta\lambda_{32}\varphi^2 & \lambda_{32}^2(\delta^2\varphi^2+\psi^2)+\tau_3^2 & & \\ \lambda_{11}\delta\lambda_{42}\varphi^2 & \lambda_{21}\delta\lambda_{42}\varphi^2 & \lambda_{32}\lambda_{42}(\delta^2\varphi^2+\psi^2) & \lambda_{42}^2(\delta^2\varphi^2+\psi^2)+\tau_4^2 & \\ \lambda_{11}\delta\lambda_{52}\varphi^2 & \lambda_{21}\delta\lambda_{52}\varphi^2 & \lambda_{32}\lambda_{52}(\delta^2\varphi^2+\psi^2) & \lambda_{42}\lambda_{52}(\delta^2\varphi^2+\psi^2) & \lambda_{52}^2(\delta^2\varphi^2+\psi^2)+\tau_5^2 \end{bmatrix}$$
(7.4)

式 (7.4) の個々の成分は，たとえば，y_{i1} の分散を例にとると，$\text{Var}(y_{i1}) = \text{Var}(\lambda_{11}f_{i1}+e_{i1}) = \lambda_{11}^2\text{Var}(f_{i1}) + \text{Var}(e_{i1})$ の関係を用いれば導かれる．また，この式展開を知らなくても，図 7.8 の y_{i1} の部分に着目すると

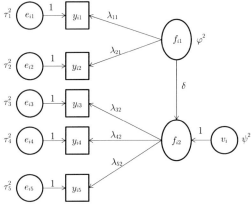

図 **7.8** 分散共分散の構造化

「$y_{i1} \longrightarrow f_{i1} \longrightarrow y_{i1}$」とたどるパスと「$y_{i1} \longrightarrow e_{i1} \longrightarrow y_{i1}$」とたどるパスそれぞれでパス係数と分散をかけ算し，最終的に足し合わせれば同様の結果が得られる．同じ処理を式展開と図でしていることに気づいてほしい．他の成分でも図の構造を踏まえて同様に考えれば，共分散が構造化できる．

式 (7.4) は識別性を勘案しないで構造化した共分散構造モデルであるが，実際には，前述のとおり式 (7.5) の識別性のための制約を課す．

$$\begin{aligned} \varphi^2 &= 1 \\ \delta^2 \varphi^2 + \psi^2 &= 1 \end{aligned} \tag{7.5}$$

式 (7.4) に式 (7.5) を代入すると，識別性を考慮した共分散の構造化が実現できる（式 (7.6)）．すなわち，式 (7.6) が式 (7.1) と式 (7.2) から導出される共分散構造モデルになる．

$$\Sigma(\boldsymbol{\theta}) = \begin{bmatrix} \lambda_{11}^2 + \tau_1^2 & & & & \\ \lambda_{11}\lambda_{21} & \lambda_{21}^2 + \tau_2^2 & & & \\ \lambda_{11}\delta\lambda_{32} & \lambda_{21}\delta\lambda_{32} & \lambda_{32}^2 + \tau_3^2 & & \\ \lambda_{11}\delta\lambda_{42} & \lambda_{21}\delta\lambda_{42} & \lambda_{32}\lambda_{42} & \lambda_{42}^2 + \tau_4^2 & \\ \lambda_{11}\delta\lambda_{52} & \lambda_{21}\delta\lambda_{52} & \lambda_{32}\lambda_{52} & \lambda_{42}\lambda_{52} & \lambda_{52}^2 + \tau_5^2 \end{bmatrix} \tag{7.6}$$

最終的に共分散構造モデルの推定は，最尤法で $|S - \Sigma(\boldsymbol{\theta})|$ を最小化するように $\boldsymbol{\theta}$ を推定する．紙幅の都合上，その詳細はこれ以上述べないが，豊田 (1998, 2012) などを参照してほしい．

なお，共分散構造モデルではモデル評価をする指標が数多く提案されている．代表的なモデル評価指標としては，GFI (Goodness of Fit Index), AGFI (Adjusted GFI), RMSEA (Root Mean Square Error of Approximation) などがある．GFI と AGFI に関しては 1 に近いほどモデルの当てはまりがよく，GFI と AGFI の差が大きい場合はモデルに問題があることが多い．ただし，一般的には RMSEA をモデル評価に使用するとよい．RMSEA は，モデルの分布と真の分布との乖離を 1 自由度当たりの量として表現した指標であり，一般的に，0.05 以下であれば当てはまりがよく，0.1 以上であれば当てはまりが悪いと判断する指標で，式 (7.7) で算定できる．

$$\text{RMSEA} = \sqrt{\frac{\frac{\chi^2}{df} - 1}{N - 1}} \tag{7.7}$$

χ^2 は $(N-1)\mathrm{F}_{ML}$ (F_{ML} は−最大尤度), df が $\frac{p(p+1)}{2}-q$ (p,q は観測データ数と自由パラメータ数) で算定する自由度を, N はサンプルサイズをそれぞれ示す.

7.2.5 共分散構造分析の事例

a. データの状況

本項では, 共分散構造モデルによるアンケートデータの分析事例を紹介する. 事例では, 個人投資家 1235 人を対象に実施したアンケート調査データを用いる. 具体的には, 「あなたが株式などの投資行動をする際, 意識して利用している「情報源」に関して, それぞれの信頼度をお答えください.」という, 投資する際の情報源に対する態度を 5 段階のリッカート尺度 (5 段階, 1: まったく信頼できない, 2: あまり信頼できない, 3: どちらでもない, 4: 信頼できる, 5: 非常に信頼できる) で収集したデータであり, 表 7.1 に示す 25 個の情報源の信頼度を聴取している.

図 7.9 には, 各情報源の分布状況を示す. いずれの項目も視覚上は概ね中央にモードがくる分布形になっている. 共分散構造モデルでは, 各測定値が正規分布することを仮定し, モデル化する. 図 7.9 のような視覚的な確認に加えて,

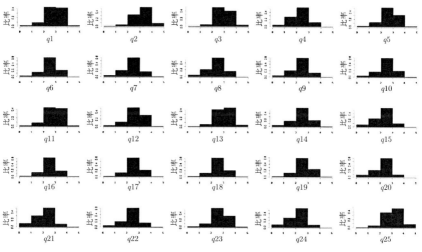

図 **7.9** 質問項目の分布状況

表 7.1 質問項目

記号	質問項目
q1	新聞の記事（一般紙：朝日，読売，毎日など）
q2	新聞の記事（経済紙：日経新聞など）
q3	新聞の記事（業界紙：工業新聞など）
q4	雑誌の記事（一般誌：通常の週刊誌など）
q5	雑誌の記事（経済誌：東洋経済，ダイヤモンドなど）
q6	書籍
q7	テレビ番組（ケーブルテレビ）での評論家・専門家などの話
q8	テレビ番組（一般テレビ）での評論家・専門家などの話
q9	ラジオ番組での評論家・専門家などの話
q10	セミナーでの評論家・専門家の話
q11	ニュース番組
q12	アナリストレポート
q13	有価証券報告書
q14	金融機関の担当者
q15	金融機関からのDM
q16	インターネット（投資に関する検索システム）
q17	インターネット（投資対象企業のWebサイト）
q18	インターネット（銀行のWebサイト）
q19	インターネット（証券会社のWebサイト）
q20	インターネット（SNSなどの投資に関するコミュニティ）
q21	インターネット（投資に関する掲示板）
q22	インターネット（専門家のWebサイト）
q23	インターネット（ニュース）
q24	インターネット（ブログ）
q25	会社四季報

表 7.2 天井効果，床効果

記号	天井効果	床効果
q1	4.101	2.597
q2	4.387	2.873
q3	4.117	2.697
q4	3.521	1.970
q5	3.959	2.439
q6	3.716	2.328
q7	3.619	2.143
q8	3.629	2.078
q9	3.559	2.124
q10	3.719	2.228
q11	4.088	2.592
q12	3.896	2.368
q13	4.191	2.762
q14	3.708	2.171
q15	3.476	1.959
q16	3.735	2.388
q17	3.791	2.397
q18	3.469	1.995
q19	3.386	1.795
q20	3.596	2.136
q21	3.910	2.493
q22	3.381	1.890
q23	3.701	2.350
q24	4.331	2.838
q25	3.753	2.389

それらの分布が最大値（今回の事例では5）や最小値（今回の事例は1）に偏っていないかどうかを確認する必要がある．通常，最大値に偏っているかどうかは，（平均＋標準偏差）を算定し，それが最大値を上回っているかどうかで判定する．もし，（平均＋標準偏差）が最大値を上回っている場合，**天井効果あり**と判断し，測定したかったものが正当に測定できていない可能性を示す．同様に最小値に偏っているかどうかは，（平均－標準偏差）を算定し，それが最小値を下回っているかどうかで判定する．もし，（平均－標準偏差）が最小値を下回っている場合，**床効果あり**と判断し，測定したかったものが正当に測定できていない可能性を示す．表7.2には，天井効果と床効果の有無を判定するための統計量を示した．いずれの情報源においても天井効果，床効果ともその存在が認められないため，すべての項目を用いて分析を進める．

7.2 共分散構造モデル（構造方程式モデル）

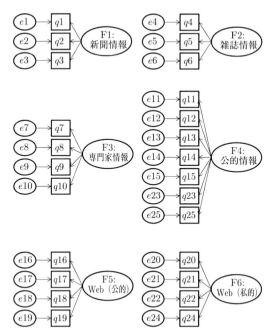

図 7.10 情報源信頼性に関する因子（仮説）

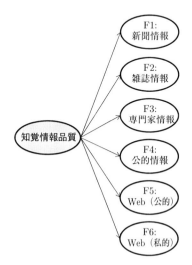

図 7.11 因子間構造に関する仮説

本分析では，表 7.1 に示した情報源の背後に，「F1：新聞情報」，「F2：雑誌情報」，「F3：専門家情報」，「F4：公的情報」，「F5：Web（公的）」および「F6：Web（私的）」の 6 つの因子の存在を仮説として設定した．図 7.10 には，因子に関する仮説を示した．図中，$q1, \ldots, q25$ は表 7.1 を参照してほしい．

図 7.10 に示した因子（構成概念）が，成立しているかどうかは 7.2.3 項の式 (7.3) に示したクロンバックの α-信頼性係数に基づき検証する．表 7.3 には，構成概念ごとのクロンバックの α-信頼性係数の算定結果を示した．雑誌情報の値が 0.8 を 0.1 程度下回っている以外は，概ね基準を満たしている．雑誌情報をモデルに導入すべきかどうかに関しては，本来十分に吟味すべきだが，本章の分析では許容範囲であるとみなし，以降の分析で用いた．

なお，因子間構造（構造方程式モデル）には，図 7.11 に示すように各因子の

表 7.3　クロンバックの α-信頼性係数

記号	質問項目	α-信頼性係数	解釈
$q1$	新聞の記事（一般紙：朝日，読売，毎日など）		
$q2$	新聞の記事（経済紙：日経新聞など）	0.8420	新聞情報
$q3$	新聞の記事（業界紙：工業新聞など）		
$q4$	雑誌の記事（一般誌：通常の週刊誌など）		
$q5$	雑誌の記事（経済誌：東洋経済，ダイヤモンドなど）	0.7035	雑誌情報
$q6$	書籍		
$q7$	テレビ番組（ケーブルテレビ）での評論家・専門家などの話		
$q8$	テレビ番組（一般テレビ）での評論家・専門家などの話	0.9077	専門家情報
$q9$	ラジオ番組での評論家・専門家などの話		
$q10$	セミナーでの評論家・専門家の話		
$q11$	ニュース番組		
$q12$	アナリストレポート		
$q13$	有価証券報告書		
$q14$	金融機関の担当者	0.7984	公的情報
$q15$	金融機関からの DM		
$q23$	インターネット（ニュース）		
$q25$	会社四季報		
$q16$	インターネット（投資に関する検索システム）		
$q17$	インターネット（投資対象企業の Web サイト）	0.8731	Web（公的）
$q18$	インターネット（銀行の Web サイト）		
$q19$	インターネット（証券会社の Web サイト）		
$q20$	インターネット（SNS などの投資に関するコミュニティ）		
$q21$	インターネット（投資に関する掲示板）	0.8437	Web（私的）
$q22$	インターネット（専門家の Web サイト）		
$q24$	インターネット（ブログ）		

背後に「知覚情報品質」という因子の存在を仮定する．「知覚情報品質」の存在は，モデルの推定結果から判断することになる．

b. モデル

図 7.12 には，前項までの議論を踏まえた本分析事例での提案モデルを示す．図 7.10 のモデルが測定方程式に，図 7.11 のモデルが構造方程式に対応する．図 7.12 のモデルは，因子分析が 2 重の構造であり，一般に 2 次因子分析と呼ぶ共分散構造分析モデルの一種である．図 7.12 中，パス係数上に記載している $\lambda_{12},\ldots,\lambda_{64},\delta_1,\ldots,\delta_6$ は因子負荷量を，$\tau_1,\ldots,\tau_{25}$ は測定方程式の誤差分散を示す．パス係数上の 1 と誤差の横に四角で囲んだ 1 は，パス係数を 1 と固定することと分散を 1 に固定することをそれぞれ示す（識別性の条件，7.2.4 項参照）．式 (7.8)〜(7.13) は測定方程式を，式 (7.14) は構造方程式を定式化したものである．図 7.12 とそれら式の対応をきちんと理解してほしい．当該モデルを推定するにあたって共分散を構造化する必要がある．その考え方は 7.2.4 項を参照してほしい．当該モデルは最尤法で推定する．

1）因子分析（測定方程式）

新聞情報

$$\begin{aligned} q_{i1} &= 1 \cdot F_{i1} + & e_{i1} \\ q_{i2} &= \lambda_{12} F_{i1} + & e_{i2} \\ q_{i3} &= \lambda_{13} F_{i1} + & e_{i3} \end{aligned} \tag{7.8}$$

雑誌情報

$$\begin{aligned} q_{i4} &= 1 \cdot F_{i2} + & e_{i4} \\ q_{i5} &= \lambda_{22} F_{i2} + & e_{i5} \\ q_{i6} &= \lambda_{23} F_{i2} + & e_{i6} \end{aligned} \tag{7.9}$$

専門家情報

$$\begin{aligned} q_{i7} &= 1 \cdot F_{i3} + & e_{i7} \\ q_{i8} &= \lambda_{32} F_{i3} + & e_{i8} \\ q_{i9} &= \lambda_{33} F_{i3} + & e_{i9} \\ q_{i10} &= \lambda_{34} F_{i3} + & e_{i10} \end{aligned} \tag{7.10}$$

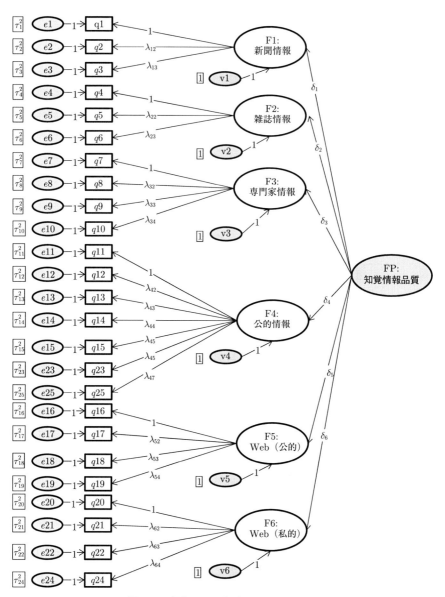

図 7.12 提案モデル（2 次因子分析モデル）

公的情報

$$\begin{aligned}
q_{i11} &= 1 \cdot F_{i4} + & e_{i11} \\
q_{i12} &= \lambda_{42} F_{i4} + & e_{i12} \\
q_{i13} &= \lambda_{43} F_{i4} + & e_{i13} \\
q_{i14} &= \lambda_{44} F_{i4} + & e_{i14} \\
q_{i15} &= \lambda_{45} F_{i4} + & e_{i15} \\
q_{i23} &= \lambda_{46} F_{i4} + & e_{i23} \\
q_{i25} &= \lambda_{47} F_{i4} + & e_{i25}
\end{aligned} \tag{7.11}$$

Web（公的）

$$\begin{aligned}
q_{i16} &= 1 \cdot F_{i5} + & e_{i16} \\
q_{i17} &= \lambda_{52} F_{i5} + & e_{i17} \\
q_{i18} &= \lambda_{53} F_{i5} + & e_{i18} \\
q_{i19} &= \lambda_{54} F_{i5} + & e_{i19}
\end{aligned} \tag{7.12}$$

Web（私的）

$$\begin{aligned}
q_{i20} &= 1 \cdot F_{i6} + & e_{i20} \\
q_{i21} &= \lambda_{62} F_{i6} + & e_{i21} \\
q_{i22} &= \lambda_{63} F_{i6} + & e_{i22} \\
q_{i24} &= \lambda_{64} F_{i6} + & e_{i24}
\end{aligned} \tag{7.13}$$

2）構造方程式

$$\begin{aligned}
F_{i1} &= \delta_1 FP_i + v_{i1} \\
F_{i2} &= \delta_2 FP_i + v_{i2} \\
F_{i3} &= \delta_3 FP_i + v_{i3} \\
F_{i4} &= \delta_4 FP_i + v_{i4} \\
F_{i5} &= \delta_5 FP_i + v_{i5} \\
F_{i6} &= \delta_6 FP_i + v_{i6}
\end{aligned} \tag{7.14}$$

c．モデル推定結果

以降には，モデルの推定結果を示す．はじめに，図 7.12 に示したモデルと「知覚情報品質」の存在を仮定せず，「新聞情報」，「雑誌情報」，「専門家情報」，「公的情報」，「Web（公的）」および「Web（私的）」因子間に共分散の存在を仮定したモデル（図 7.13）の比較結果を示す．表 7.4 には，それら 2 モデルのモ

7. 消費者態度の形成メカニズムのモデル化

表 7.4 モデル比較

指標	2次因子分析	相関有因子分析
GFI	0.8269	0.8081
AGFI	0.7909	0.7672
RMSEA	0.0893	0.1057

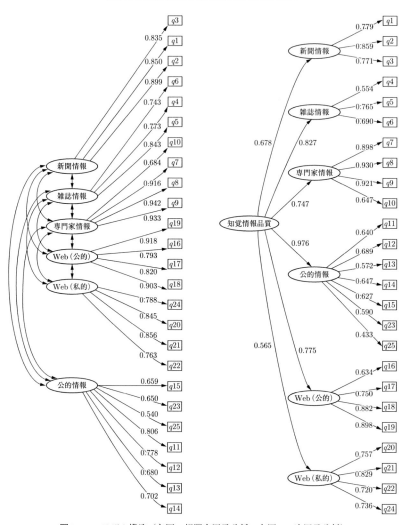

図 7.13 モデル構造（左図：相関有因子分析，右図：2次因子分析）

7.2 共分散構造モデル（構造方程式モデル）

デル比較指標を示した．いずれの指標でも提案モデル（図 7.13 の右）をサポートする結果である．以降は提案モデル（2 次因子分析）の推定結果を検証する．

2 次因子分析モデルでは，通常の因子分析における因子を 1 次因子と呼び，1 次因子を説明する因子を 2 次因子と呼ぶ．表 7.5 には，提案モデルのパス係数の推定値を示した．1 次因子，2 次因子ともパラメータ（因子負荷量）がすべて有意に推定されている．以降の議論は標準化推定量に基づいて行う．

表 7.5 パラメータ推定結果（パス係数のみ）

パラメータ	パス	非標準化推定量	標準化推定量	標準誤差	z-値	p-値
	$q1$ <— 新聞情報	-	0.7790	-	-	-
λ_{12}	$q2$ <— 新聞情報	1.1032	0.8594	0.0379	29.0809	0.0000
λ_{13}	$q3$ <— 新聞情報	0.9899	0.7711	0.0368	26.8670	0.0000
	$q4$ <— 雑誌情報	-	0.5545	-	-	-
λ_{22}	$q5$ <— 雑誌情報	1.3796	0.7649	0.0794	17.3648	0.0000
λ_{23}	$q6$ <— 雑誌情報	1.2440	0.6898	0.0750	16.5948	0.0000
	$q7$ <— 専門家情報	-	0.8977	-	-	-
λ_{32}	$q8$ <— 専門家情報	1.0360	0.9300	0.0198	52.2977	0.0000
λ_{33}	$q9$ <— 専門家情報	1.0257	0.9208	0.0201	51.1243	0.0000
λ_{34}	$q10$ <— 専門家情報	0.7208	0.6471	0.0271	26.6400	0.0000
	$q11$ <— 公的情報	-	0.6400	-	-	-
λ_{42}	$q12$ <— 公的情報	1.0763	0.6888	0.0528	20.3855	0.0000
λ_{43}	$q13$ <— 公的情報	0.8943	0.5724	0.0511	17.4933	0.0000
λ_{44}	$q14$ <— 公的情報	1.0113	0.6472	0.0522	19.3872	0.0000
λ_{45}	$q15$ <— 公的情報	0.9804	0.6274	0.0519	18.8982	0.0000
λ_{46}	$q23$ <— 公的情報	0.9226	0.5904	0.0514	17.9617	0.0000
λ_{47}	$q25$ <— 公的情報	0.6773	0.4335	0.0495	13.6769	0.0000
	$q16$ <— Web（公的）	-	0.6345	-	-	-
λ_{52}	$q17$ <— Web（公的）	1.1825	0.7503	0.0534	22.1498	0.0000
λ_{53}	$q18$ <— Web（公的）	1.3894	0.8816	0.0559	24.8355	0.0000
λ_{54}	$q19$ <— Web（公的）	1.4147	0.8976	0.0564	25.0841	0.0000
	$q20$ <— Web（私的）	-	0.7567	-	-	-
λ_{62}	$q21$ <— Web（私的）	1.0951	0.8287	0.0400	27.3700	0.0000
λ_{63}	$q22$ <— Web（私的）	0.9510	0.7197	0.0394	24.1208	0.0000
λ_{64}	$q24$ <— Web（私的）	0.9726	0.7360	0.0394	24.6725	0.0000
δ_1	新聞情報 <— 知覚情報品質	0.5282	0.6781	0.0258	20.4890	0.0000
δ_2	雑誌情報 <— 知覚情報品質	0.4586	0.8272	0.0267	17.1641	0.0000
δ_3	専門家情報 <— 知覚情報品質	0.6706	0.7470	0.0253	26.4835	0.0000
δ_4	公的情報 <— 知覚情報品質	0.6245	0.9758	0.0270	23.1646	0.0000
δ_5	Web（公的）<— 知覚情報品質	0.4916	0.7748	0.0244	20.1819	0.0000
δ_6	Web（私的）<— 知覚情報品質	0.4279	0.5655	0.0253	16.9425	0.0000

はじめに1次因子の推定結果を確認する．「新聞情報」は個人が投資する際の情報源としての新聞の信頼度を集約する因子である．この因子が高まれば「新聞の記事（経済紙：日経新聞など）」の信頼度が特に高まりやすい傾向にある (0.8594)．「雑誌情報」は個人が投資する際の情報源としての雑誌・書籍などの信頼度を集約する因子である．この因子が高まれば「雑誌の記事（経済誌：東洋経済，ダイヤモンドなど）」の信頼度が特に高まりやすい傾向にある (0.7649)．「専門家情報」は個人が投資する際の情報源としての専門家・評論家などの意見の信頼度を集約する因子である．この因子が高まれば「テレビ番組（一般テレビ）での評論家・専門家などの話」や「ラジオ番組での評論家・専門家などの話」の信頼度が特に高まりやすい傾向にある (0.9300, 0.9208)．「公的情報」は個人が投資する際の情報源としてのニュース番組，アナリストレポート，有価証券報告書などの情報の信頼度を集約する因子である．この因子が高まれば「アナリストレポート」や「金融機関の担当者」の信頼度が特に高まりやすい傾向にある (0.6888, 0.6472)．「Web（公的）」は個人が投資する際の情報源としてのインターネット（投資に関する検索システム）やインターネット（投資対象企業のWebサイト）などのWeb上に存在する公的情報の信頼度を集約する因子である．この因子が高まれば「インターネット（証券会社のWebサイト）」や「インターネット（銀行のWebサイト）」の信頼度が特に高まりやすい傾向にある (0.8976, 0.8816)．「Web（私的）」は個人が投資する際の情報源としてのインターネット（SNSなどの投資に関するコミュニティ）やインターネット（投資に関する掲示板）などのWeb上に存在する公的情報以外の指摘情報の信頼度を集約する因子である．この因子が高まれば「インターネット（投資に関する掲示板）」や「インターネット（SNSなどの投資に関するコミュニティ）」の信頼度が特に高まりやすい傾向にある (0.8287, 0.7567)．

次に2次因子から1次因子への影響度の検証結果を示す．知覚情報品質から各1次因子へのパスはすべて有意であり，標準化係数で見ても因子負荷量がいずれも高い．これは，高次の知覚情報品質（因子）が下位にある6つの情報信頼性因子を強く規定していることを示唆する．

以上の結果は，「あなたが株式などの投資行動をする際，意識して利用している『情報源』に関して，それぞれの信頼度をお答えください．」という質問をし，

各情報源に関する投資家の評価を獲得することで,情報源信頼性の総合指標としての「知覚情報品質」を構成することの妥当性を示唆している.

■まとめと文献紹介

本章では,共分散構造モデルを解説し,そのモデルのアンケートデータへの適用事例を紹介した.共分散構造モデルを用いたマーケティングデータの解析は,特に消費者行動理論を解き明かすことを目的とした演繹的研究(仮説検証型研究)で多用される.この点がこれまでの章で説明した統計モデルアプローチとの違いである.演繹的研究である点を踏まえた場合,データ取得,分析以前に解き明かしたい現象に対する仮説が必要であり,不十分な仮説設定では分析がうまくいかない.このアプローチを採用する場合には,その点を十分に留意しなければならない.

実務マーケティングに目を向けても,ビッグデータだけではなく,アンケートデータが大量に存在している.その観点でも,共分散構造モデルのマーケティングでの活用の幅は広い.有益なソフトウェアも種々存在しており,共分散構造モデルを活用した分析の実践は容易であるが,モデルの構造の理解なしでは,正当な解析にはなりえない.他の章と同様に,十分理解を深めてほしい.

共分散構造モデルの入門書としては,豊田 (1998) を勧める.また,より数理的な側面に興味のある読者は豊田 (2012) を参考にすればよいだろう.フリー統計ソフト R によって簡便に実行してみたい読者は,照井・佐藤 (2013) を参考にすればよい.

なお,消費者行動理論における態度に関しては,杉本 (2012) が参考になる.興味のある読者は参考にしてほしい.

[発展] ロジスティック回帰モデル

ロジスティック回帰分析は,(満足/不満足)や(反応あり/反応なし)のような 2 値変数に対する回帰モデルであり,特にアンケートデータの解析などで活用されることが多い.2 値変数は,通常 0 と 1 のデータとして考えることが多い.ロジスティック回帰モデルは,2 値変数が目的変数になる場合,統計的な意味から通常の線形回帰モデルを適用できない問題に対応するために工夫されたモデルである.ロジスティック回帰モデルは以下の式 (7.15),(7.16) のように定式化する.なお,y_i および $\boldsymbol{x_i} = (x_{i,0}, \ldots, x_{i,p})^t$ は目的変数(2 値変数),$(p+1)$ 次元説明変数ベクトルとする.また,$\boldsymbol{\beta} = (\beta_0, \beta_1, \ldots, \beta_p)^t$ はパラメータベクトルとする.

ロジスティック回帰モデルでは,$y_i = 1$ となる確率 p_i を式 (7.15) でモデル

化する.

$$p_i = \Pr(y_i = 1) = \frac{\exp(v_i)}{1+\exp(v_i)} \tag{7.15}$$

$y_i = 0$ となる確率は $1-p_i$ であり，$1-p_i = \Pr(y_i = 0) = \dfrac{1}{1+\exp(v_i)}$ となる．確率比 $p_i/(1-p_i)$ はオッズと呼ばれる量で，ロジスティック回帰モデルにおいて重要な役割を演じる．ロジスティック回帰モデルでは，意味的には，オッズの対数変換したものを目的変数とした回帰モデル構造を仮定することと等しい．式 (7.16) がロジスティック回帰モデルになる $(x_{i,0} = 1)$.

$$\begin{aligned}\log\left(\frac{p_i}{1-p_i}\right) &= \beta_0 x_{i,0} + \beta_1 x_{i,1} + \cdots + \beta_p x_{i,p} \\ &= \boldsymbol{x}_i^t \boldsymbol{\beta}\end{aligned} \tag{7.16}$$

ロジスティック回帰モデルでは説明変数として連続量も離散量（ダミー）どちらも使用できる．モデルパラメータの推定は，最尤法により行う．

ロジスティック回帰モデルの技術的な詳細は，丹後ほか (2013) を参照してほしい．この文献は，基本的には医療統計に関するものであるが，技術的な側面は参考にできる部分が多い．また，マーケティングで当該モデルを紹介したものとしては，照井・佐藤 (2013) がある．

Chapter 8
ベイズモデルによるマーケティング現象のモデル化

　本章では，ベイジアンモデリングによるマーケティング現象のモデル化を説明するが，これまでの章と比べて発展的な内容を多く含む．はじめに，ベイジアンモデリングにおける重要な基礎的事項を説明し，マーケティングで用いられることの多いベイズモデルである「階層ベイズブランド選択モデル」と「動的市場反応モデル」の2つを説明する．「階層ベイズブランド選択モデル」は第4章の，「動的市場反応モデル」は第3章の発展形のモデルであり，分析事例ではそれぞれ対応する章と同じデータを用いる．

8.1　ベイジアンモデリングとは？

8.1.1　ベイジアンモデリングとベイズモデル

　すでに2.1節で統計モデルとは何か？　ということを説明し，第3章から第7章で種々の統計モデルの解説を行ってきた．本章で対象にするベイズモデルも統計モデルの一種には違いがないが，前章までのモデルとは違いもある．

　前章までに紹介した統計モデルでは，モデルパラメータを最尤法により点推定値として1つに決めていた．パラメータは確率変数ではないのである．モデルの形式は違っても，その点は各章とも共通であった．ベイズモデルとそれ以外の統計モデルの最も大きな違いは，この点にある．ベイズモデルでは，パラメータを点推定値として1点に決め打ちするのではなく，パラメータの従う確率分布を推定するのである．すなわち，パラメータを確率変数と考え，モデル化するのがベイズモデルである．この違いが，統計モデルの機能に大きな差を生じさせる．この違いを理解してもらうために，統計モデルの記述能力と汎化能力を導入する．

> 記述能力と汎化能力
> 1）記述能力： モデルの推定に用いたデータを精度高く再現できるかどうかをはかる能力
> 2）汎化能力： モデルの将来のデータを精度高く予測できるかどうかをはかる能力

　ベイズモデル以外の統計モデルでは，モデルを複雑化しパラメータを増やせばモデルの記述能力は向上するが，そのトレードオフでモデルの汎化能力は低下する．そのため，統計モデルを何らかの予測に用いることを前提とした場合はモデルパラメータの次元（パラメータ数）をなるべく小さくすることが王道であり，美徳でさえあると考えられていた．いわゆる，けちの原理（principle of parsimony）である．しかし，推定に用いたデータを適切に説明できないモデルでは，たとえ精度高く予測できたとしても，その活用範囲は限定的になってしまう．この問題への対策としてパラメータにも統計モデルを仮定するのがベイジアンモデリングであり，ベイジアンモデリング技法を用いて定式化したモデルがベイズモデルである．

　ベイジアンモデリングでは，**事後分布**，**尤度関数**（データの分布），**事前分布**の3つの分布が重要な役割を担う．事後分布とは，データを獲得したのちのパラメータの分布でベイズモデルの推定対象であり，ほぼすべての議論がこの事後分布に基づきなされる．尤度関数は基本的に前述の式 (2.1) のいずれかで構成され，データの発生メカニズムを示す．本書で説明した本章以外の統計的モデリングは，尤度関数のもととなる統計モデルだけを定式化していると考えてもらえれば，本章のモデルとの違いが明確になる．すなわち，通常の統計モデルとベイズモデルの違いは，次に説明する事前分布を導入するか否かなのである．事前分布は，文字どおりデータを獲得する以前のパラメータ分布を示す．この事前分布を導入することで，モデル表現の柔軟性が格段に向上する．上記3つの分布は，式 (8.1) に示すベイズの定理により関連づけられる．以降，y_i, β_i は個人 i（あるいは時点 i）のデータベクトルとパラメータベクトルを示し，θ は個人 i（あるいは時点 i）に依存しないパラメータベクトルを示すものとし，議論を進める．なお，θ はパラメータ β_i の分布を規定するパラメータであり，

超パラメータと呼ぶ.

> **ベイズの定理**
>
> $$\overbrace{p(\boldsymbol{\beta}_i, \boldsymbol{\theta}|\boldsymbol{y}_i)}^{\text{事後分布}} \equiv \frac{\overbrace{p(\boldsymbol{y}_i|\boldsymbol{\beta}_i, \boldsymbol{\theta})}^{\text{尤度関数}} \times \overbrace{p(\boldsymbol{\beta}_i, \boldsymbol{\theta})}^{\text{事前分布}}}{\underbrace{p(\boldsymbol{y}_i)}_{\text{基準化定数}}} \tag{8.1}$$
>
> $$\propto \overbrace{p(\boldsymbol{y}_i|\boldsymbol{\beta}_i, \boldsymbol{\theta})}^{\text{尤度関数}} | \times \overbrace{p(\boldsymbol{\beta}_i|\boldsymbol{\theta})}^{\boldsymbol{\beta}_i\text{の事前分布}} \times \overbrace{p(\boldsymbol{\theta})}^{\boldsymbol{\theta}\text{の事前分布}}$$

ここで,すでに手元にあるデータ $\boldsymbol{y}_i$ の発生確率(基準化定数)$p(\boldsymbol{y}_i)$ は $\boldsymbol{\beta}_i, \boldsymbol{\theta}$ によらない数値をとるので,事後分布 $p(\boldsymbol{\beta}_i, \boldsymbol{\theta}|\boldsymbol{y}_i)$ は式 (8.1) 第 2 行に比例する. 式中,尤度関数 $p(\boldsymbol{y}_i|\boldsymbol{\beta}_i, \boldsymbol{\theta})$ は式 (2.1) の $L(\cdot)$ に対応する. 式 (8.1) の最上段に示すベイズの定理は,想定した事前分布 $p(\boldsymbol{\beta}_i, \boldsymbol{\theta})$ がデータによりどのように修正されるのか,つまりパラメータ $\boldsymbol{\beta}_i, \boldsymbol{\theta}$ に関する不確実性がデータによりどう減じられるのかのメカニズムを示す. ベイズの定理に基づき,事前分布を導入すれば,多数のパラメータも安定して推定できるようになり,結果として高い予測能力とデータ記述能力を同時にもつ複合統計モデルが構成できる. 図 8.1 は,式 (8.1) で示す構造を模式的に示した. 3 つの分布の関係,役割を確認して

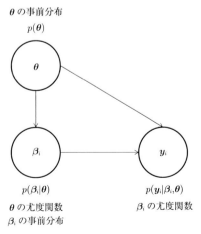

図 **8.1** ベイズモデルの構造

ほしい．特に重要な点は，$p(\boldsymbol{\beta}_i|\boldsymbol{\theta})$ の役割である．$p(\boldsymbol{y}_i|\boldsymbol{\beta}_i,\boldsymbol{\theta})$ との関係でいえば，$p(\boldsymbol{\beta}_i|\boldsymbol{\theta})$ は $\boldsymbol{\beta}_i$ の事前分布と解釈できる．また，$p(\boldsymbol{\theta})$ との関係でいえば，$p(\boldsymbol{\beta}_i|\boldsymbol{\theta})$ は $\boldsymbol{\theta}$ の尤度関数になる．ベイズモデルは，3つの確率変数 $\boldsymbol{y}_i, \boldsymbol{\beta}_i, \boldsymbol{\theta}$ に関連する3つの分布が上述のように関連して構成される統合的なモデルである．なお，事前分布は階層モデルとも呼ばれる．

ベイズモデルを用いた推測（ベイズ推測）における最大の問題は，事前分布の設定方法である．すなわち，事前分布の投入具合，つまり事前分布への信念の置き具合をどのように決めるのかという問題である．この問題には $\boldsymbol{\beta}_i$ の事前分布に，式 (8.1) の $p(\boldsymbol{\beta}_i|\boldsymbol{\theta})$ のようにパラメータ $\boldsymbol{\theta}$ を導入することで自由度を残し，データ処理前の事前分布の決め打ちを避けることで対処する．ベイズ推測は，パラメータ $\boldsymbol{\theta}$ の推定法の違いによって下記の囲みのように区別する．

> ベイズモデルのタイプ
> 1) フルベイズ法： パラメータ $\boldsymbol{\theta}$ に対してもさらに不確実性を許容し，式 (8.1) に示すように事前分布 $p(\boldsymbol{\theta})$ を具体的に計算に導入し，さまざまな積分操作によって推論を行う．
> 2) 経験ベイズ法： パラメータ $\boldsymbol{\theta}$ の事前分布は一様分布と考え，周辺尤度 $p(\boldsymbol{y}_i|\boldsymbol{\theta}) = \int p(\boldsymbol{y}_i|\boldsymbol{\beta}_i,\boldsymbol{\theta})p(\boldsymbol{\beta}_i|\boldsymbol{\theta})d\boldsymbol{\beta}_i$ の最大化によってパラメータ $\boldsymbol{\theta}$ を決定した後，諸々の推論を行う．なお，データ $\boldsymbol{y}_i$ は所与であるので，左辺はパラメータ $\boldsymbol{\theta}$ の関数になる．

フルベイズ法の推定は，通常，マルコフ連鎖モンテカルロ法（MCMC法）を用いることが多い．MCMC法は，多変量の事後分布を用いてパラメータの推論を行う際に必要となる多重積分を超多数のサンプル（実現値）を発生させ，それを用いたモンテカルロ積分によって解く方法であり，区分求積法の数値積分による方法に比べて精度が高い．より具体的にいえば，シミュレーションによって多変量事後分布からサンプルを発生させて，得られたサンプルを用いてパラメータの事後分布の期待値を求める．経験ベイズ法ではフルベイズとは異なり，上述の周辺尤度をニュートン法などの数値的な手法で最大化すること（最尤法）で，パラメータを推定する．この区別は，モデルの推定アルゴリズムの違いを理解するには，きちんと意識しなければならない．なお，8.2節ではフ

表 8.1 自然共役分布の例

事後分布	尤度	事前分布	適用例
① 正規分布	正規分布	正規分布	回帰係数
② 逆ガンマ分布	正規分布	逆ガンマ分布	回帰モデルの分散
③ 逆ウィシャート	多変量正規分布	逆ウィシャート	分散共分散行列
④ ベータ分布	二項分布	ベータ分布	発生確率
⑤ ガンマ分布	ポアソン分布	ガンマ分布	ポアソン分布の平均

ルベイズモデルの,8.3 節では経験ベイズモデルの事例をそれぞれ説明する.

推定アルゴリズムを構成するために,種々の議論に先立ち,事前分布,尤度および事後分布の関係性に関する重要な概念である,「自然共役事前分布族」を導入する.自然共役事前分布族の判定では,事前分布と事後分布の形式がポイントになる.具体的に示せば,事前分布に尤度を乗じて得られる事後分布が,事前分布で仮定した分布と同じ分布族に属するならば,その事前分布を自然共役事前分布と呼ぶ.表 8.1 にはその代表的な例を示す.モデルが自然共役の族に属する場合,パラメータの事後分布が陽に表現できるため,効率的な推定アルゴリズムを導出できる.8.2 節では ① と ③ の関係を部分的に使用する.また,8.3 節では ① の関係に依拠したアルゴリズムでモデルを推定する.

8.1.2 マーケティングにおけるベイジアンモデリングの必要性

前項には,ベイジアンモデリングおよびベイズモデルの特に重要な部分に焦点を当て説明した.本項では,ベイジアンモデリングがマーケティングでなぜ脚光を浴びるのかを概説する.

企業は,個人,個別世帯,個別時点,個別エリアなど,より粒度の細かい対象に焦点を当て,効果的なマーケティング活動を実践しようとしている.これら企業活動は**マイクロマーケティング**と呼ばれ,その有効性から注目されている.マイクロマーケティングは,マス型のマーケティング活動の限界から生じた活動であり,第 6 章でも言及した**ワントゥワンマーケティング**や**顧客関係性マネジメント(CRM)**といった活動は,マイクロマーケティングの 1 つの実現形態と考えてもらえればよい.

マイクロマーケティングに関連した重要概念である,**消費者異質性**と**時間的異質性**とはどのような概念なのかを,はじめに説明する.図 8.2 には,価格反

8. ベイズモデルによるマーケティング現象のモデル化

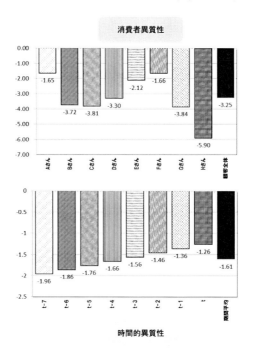

図 8.2 消費者異質性(上段)と時間的異質性(下段)

応を例に消費者異質性(上)と時間的異質性(下)それぞれのイメージを模式的に示した．消費者異質性とは，図8.2上段に示すように個人ごとに価格反応が異なるイメージをもってもらえればよい．また，時間的異質性とは，図8.2下段に示すように時点によって価格反応が変動するイメージをもってもらえればよい．もちろん，価格反応であることは本質ではない．重要なのは，パラメータが個人や時点で変化することである．これら消費者異質性と時間的異質性を的確に把握できなければ，企業はマイクロマーケティング手法を駆使した効果的なマーケティングを実現できず，結果的に市場で競争優位性を構築できないことになる．ここで生じる課題は，消費者異質性や時間的異質性に関する情報をどのような手段でデータから抽出するかである．

前章までで説明した統計モデルで抽出している情報は，図8.2の右端に示した「顧客全体」や「期間平均」に対応するパラメータである．基本的に，消費者異質性や時間的異質性に対応する情報ではない．仮に，第4章のブランド選

択モデルの効用を規定するパラメータに個人を示す添え字 i をつけたり，第3章の市場反応モデルの回帰係数に時点を示す添え字 t をつけたりし，モデルを定式化した状況を考えてみてほしい．このモデルを最尤法で推定できるだろうか？ 一般に，推定するパラメータ数がデータ数よりも多い状況になるため，最尤法でそれらパラメータを無制約で安定的に推定することはできない（**NP困難**）．すなわち，パラメータを点推定する統計的アプローチでは，マイクロマーケティングに必要な情報抽出はできないのである．そのため別のモデリングの枠組みを用いなければならないことになる．そこで登場するのが8.1.1項で説明したベイジアンモデリングである．ベイジアンモデリングでは，前述したようにパラメータを確率変数として取り扱うため，最尤法で生じる問題を回避できる．もう少し具体的にいえば，8.1.1項に示した事前分布がNP困難を回避するための制約として機能するため，個人ごとのパラメータや時点ごとのパラメータでも推定できるようになる．データとして獲得できる個人のデータや時点のデータで不足する情報は，他人や他の時点の情報で補ってやろう，という思想で事前分布を従え，マイクロ情報の抽出を実現するのである．こう考えれば，ベイジアンモデリングがマイクロマーケティングの高度化の実現のための必須の手段だと理解できるだろう．

8.2節には，第4章に示した多項ロジットモデルをベイズモデルに拡張し，そのモデルに基づく消費者異質性の抽出事例を紹介する．また，8.3節には，第3章に示した線形回帰モデルを動的ベイズモデルに拡張し，時間的異質性の抽出事例を解説する．なお，8.2節，8.3節とも第4章および第3章と完全に同じデータを使用するため，本章では探索的データ分析部分を省略する．

8.2 階層ベイズモデルによるブランド選択行動のモデル化

本節では，はじめに階層ベイズ離散選択モデルについて，第4章で紹介したロジットモデルを拡張する形式で説明する．次に階層ベイズモデルの推定法である，マルコフ連鎖モンテカルロ法（**MCMC法**）を概説し，最後に第4章と同じデータを用いた解析事例を説明する．

8.2.1　階層ベイズロジットモデル

ロジットモデルを例に階層ベイズロジットモデルを説明する．階層ベイズモデルによるモデル化では，式 (8.1) の右辺最終式に示すように，3 つのモデル $p(\boldsymbol{y}_i|\boldsymbol{\beta}_i,\boldsymbol{\theta}), p(\boldsymbol{\beta}_i|\boldsymbol{\theta}), p(\boldsymbol{\theta})$ を定式化しなければならない．説明の都合上，$p(\boldsymbol{y}_i|\boldsymbol{\beta}_i,\boldsymbol{\theta})$，$p(\boldsymbol{\beta}_i|\boldsymbol{\theta})$ および $p(\boldsymbol{\theta})$ を観測モデル，階層モデルおよび事前分布と呼ぶことにする．

a.　観測モデル（個体内モデル）

観測モデルは，これまでの章で説明したモデル化と基本的に同じ考え方で実施する．ブランド選択モデルでは，効用関数を定式化することからモデル化を始める．第 4 章の式 (4.1) に示した効用関数を式 (8.2) に再掲する．

$$\begin{aligned}U_{i,t,j} &= V_{i,t,j} + \varepsilon_{i,t,j} \\ &= x^0_{i,t,j}\beta_0 + x^1_{i,t,j}\beta_1 + \cdots + x^p_{i,t,j}\beta_p + \varepsilon_{i,t,j}\end{aligned} \quad (8.2)$$

通常のロジットモデルを階層ベイズ型ロジットモデルに拡張する場合，式 (8.2) を式 (8.3) のように修正するだけであり，定式化上は非常に単純である．式 (8.3) のパラメータ β の添え字に i が追加されている点に注目してほしい．

$$\begin{aligned}U_{i,t,j} &= V_{i,t,j} + \varepsilon_{i,t,j} \\ &= x^0_{i,t,j}\underline{\beta_{0,i}} + x^1_{i,t,j}\underline{\beta_{1,i}} + \cdots + x^p_{i,t,j}\underline{\beta_{p,i}} + \varepsilon_{i,t,j}\end{aligned} \quad (8.3)$$

式上の違いは添え字 i がついているか否かだけであるが，この違いは前述のとおり非常に大きい．式 (8.2) の $\boldsymbol{\beta} = (\beta_0, \beta_1, \ldots, \beta_p)^t$ は，分析対象とした消費者全体で共通の反応係数を表現しているにすぎない．一方で，式 (8.3) の $\boldsymbol{\beta}_i = (\beta_{0,i}, \beta_{1,i}, \ldots, \beta_{p,i})^t$ は消費者ごとの反応係数を表現している．当然，$\boldsymbol{\beta}_i$ が推定できれば，$\boldsymbol{\beta}$ に比べてマーケティングでの活用範囲が広がる．この違いをもう少し具体的に説明する．ここでは，仮に 1000 人のブランド選択データがあると仮定する．式 (8.2) を仮定した場合，推定するパラメータは $p+1$ 個である．一方で，式 (8.3) を仮定した場合，$1000 \times (p+1)$ 個になる．この時点でモデル表現にはほとんど違いがないが，推定負荷の差は非常に大きいとわかるであろう．

効用が定式化できれば，最終的なモデル化は式 (4.6) と完全に同一であり，式 (8.4) になる．

$$p_{i,t,j} = \Pr(y_{i,t} = j) = \frac{\exp(V_{i,t,j})}{\exp(V_{i,t,1}) + \cdots + \exp(V_{i,t,J})} \quad (8.4)$$

b. 階層モデル（個体間モデル）

階層モデル $p(\boldsymbol{\beta}_i|\boldsymbol{\theta})$ のモデル化を説明する．階層モデルは，観測モデルのパラメータの生起構造の背後に存在する，個体間の共通性の構造を示す．$\boldsymbol{\beta}_i = (\beta_{0,i}, \beta_{1,i}, \ldots, \beta_{p,i})$ の個々のパラメータ $\beta_{j,i}$ を被説明変数とし，$\boldsymbol{z}_i$ を顧客属性（年齢，性別，その他購買行動特性など）の l 次元の説明変数ベクトルとし，式 (8.5) の回帰モデルを仮定する．

$$\beta_{j,i} = \boldsymbol{z}_i^t \boldsymbol{\theta}_j + \eta_{ji}, \quad j = 0, \ldots, p \quad (8.5)$$

$\boldsymbol{\theta}_j$ は変数 j に対する l 次元の回帰係数ベクトルを示す．$\boldsymbol{\theta}_j$ は個体間で共通と仮定する．誤差項 η_{ji} は j に関して共分散 $\mathrm{Cov}(\eta_{ji}, \eta_{ki}) = v_{jk} \neq 0$ を仮定する．ここで，式 (8.5) を $j = 0, \ldots, p$ に関してまとめて表現すると，式 (8.6) と表現できる．

$$\boldsymbol{\beta}_i = \boldsymbol{\Theta}^t \boldsymbol{z}_i + \boldsymbol{\eta}_i, \quad \mathrm{MVN}(\boldsymbol{0}, \boldsymbol{V}_\beta) \quad (8.6)$$

$\boldsymbol{\Theta} = [\boldsymbol{\theta}_0; \boldsymbol{\theta}_1; \cdots; \boldsymbol{\theta}_p]$ は $l \times (p+1)$ の回帰係数行列とし，$\boldsymbol{z}_i = (z_{1i}, \ldots, z_{li})^t$，$\boldsymbol{\eta}_i = (\eta_{0i}, \ldots, \eta_{pi})^t$ とする．また，$\mathrm{MVN}(\boldsymbol{0}, \boldsymbol{V}_\beta)$ は平均ベクトル $\boldsymbol{0}$，分散共分散行列 $\boldsymbol{V}_\beta$ の多変量正規分布を示す．

ここで式 (8.6) に示す個人 i の回帰方程式を I 人分まとめて表現すると，式 (8.7) になる．

$$[\boldsymbol{\beta}_1; \cdots; \boldsymbol{\beta}_I] = \boldsymbol{\Theta}^t [\boldsymbol{z}_1; \cdots; \boldsymbol{z}_I] + [\boldsymbol{\eta}_1; \cdots; \boldsymbol{\eta}_I] \quad (8.7)$$

式 (8.7) の両辺を転置させ，行列表現すると式 (8.8) が得られる．

$$\boldsymbol{B}_{(I \times (p+1))} = \boldsymbol{Z}_{(I \times l)} \boldsymbol{\Theta}_{(l \times (p+1))} + \boldsymbol{E}_{(I \times (p+1))} \quad (8.8)$$

式 (8.8) が階層モデルの最終的な表現になり，統計モデルの意味では多変量回帰モデルになる．本節で説明している階層ベイズロジットモデルに限らずどのようなモデルでも，階層モデルは式 (8.8) の多変量回帰モデルの形式をとることが多い．そのため，階層モデルはパラメータの事前分布として下記 c の設定をすれば，自然共役事前分布族に属すことになり，サンプリングに効率的なアルゴリズム（ギブズサンプラー）を使用できる．階層モデルが推定できれば，

推定に用いていない個人の反応係数の推定も実施できる（その際，z_i は必要となる）．この点は，階層ベイズモデルの活用範囲を広げる利点である．このモデル構造を理解できれば，活用の範囲が広がる．よく理解してほしい．

c. 事前分布

事前分布 $p(\boldsymbol{\theta})$ において，本節に示すモデルでは，$\{\boldsymbol{\beta}_i\}, \{\boldsymbol{\theta}_j\}, \boldsymbol{V}_\beta$ がパラメータになる．$\{\ \}$ はパラメータの集合を示す．$\boldsymbol{\beta}_i$ の事前分布に関しては，上記 b の階層モデルがそれに当たるため，ここでは説明しない．

$\boldsymbol{V}_\beta^{-1}$ は b に示した階層モデルの分散共分散行列の逆行列であり，一般に精度行列と呼ばれ，式 (8.9) のウィシャート分布に従うものと仮定する．この設定により表 8.1 に示した共役性の関係を利用でき，推定アルゴリズムが効率化できる．

$$\boldsymbol{V}_\beta^{-1} \sim \mathrm{W}(\nu_0, \boldsymbol{V}_0) \tag{8.9}$$

通常，散漫な事前知識を表現するために，$\nu_0 = p + 4$，$\boldsymbol{V}_0 = \nu_0 \mathrm{I}_{p+1}$ と設定することが多い．多変量回帰モデルの回帰係数 $\boldsymbol{\theta}$ に対する事前分布としては，$\boldsymbol{V}_\beta$ を条件付とした正規–ウィシャート型の事前分布が設定でき，式 (8.10) のように設定する．式中 $\otimes$ はクロネッカー積（テンソル積）を示す．

$$\mathrm{vec}(\boldsymbol{\Theta}|\boldsymbol{V}_\beta) \sim \mathrm{N}\left(\mathrm{vec}(\overline{\boldsymbol{\Theta}}), \mathrm{A}^{-1} \otimes \boldsymbol{V}_\beta\right) \tag{8.10}$$

$\overline{\boldsymbol{\Theta}} = 0$，$\mathrm{A} = 0.01\mathrm{I}_l$ と設定する．vec は，行列の列を縦につなげてベクトル化することを示す記号である．この設定も事前知識の散漫性を表現する設定である．

8.2.2 マルコフ連鎖モンテカルロ法（MCMC 法）

本項では，マルコフ連鎖モンテカルロ法（MCMC 法）の基本事項を示し，代表的なサンプリング法であるメトロポリス–ヘイスティングス法（M–H 法）とギブズ法を説明する．最後に前項に示した階層ベイズロジットモデルの推定アルゴリズムを解説する．下記の a〜c ではパラメータを示すために $\boldsymbol{\theta}$ を用いるが，前項の超パラメータ $\boldsymbol{\theta}$ とは別の意味で用いている．注意してほしい．

a. MCMC 法の基本事項

階層ベイズモデルを推定する際に用いるマルコフ連鎖モンテカルロ法（MCMC 法）の基礎的事項を説明する．式 (8.1) に階層ベイズモデルにおけるベイズの

8.2 階層ベイズモデルによるブランド選択行動のモデル化

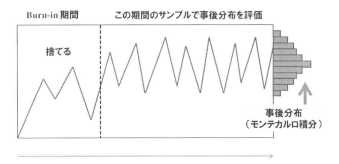

図 8.3 MCMC 法の処理

定理を示したが，式 (8.11) には，$\boldsymbol{\theta}$ とデータ $\boldsymbol{y}_i$ を用いて示した．本質は何も変化していない．ベイズモデルにおける主たる興味は，事後分布と呼ぶ式 (8.11) の右辺を評価することである．前述のとおり，事後分布は尤度と事前分布の積に比例する．

$$
\begin{aligned}
p(\boldsymbol{\theta}|\boldsymbol{y}_i) &= \frac{p(\boldsymbol{y}_i|\boldsymbol{\theta})p(\boldsymbol{\theta})}{p(\boldsymbol{y}_i)} \\
&\propto p(\boldsymbol{y}_i|\boldsymbol{\theta})p(\boldsymbol{\theta}) \\
&= (\boldsymbol{y}_i\text{の尤度})(\boldsymbol{\theta}\text{の事前分布})
\end{aligned}
\tag{8.11}
$$

ベイズモデルでは，最尤法でパラメータを推定するのと異なり，パラメータの事後分布を推定する．すなわち，$p(\boldsymbol{\theta}|\boldsymbol{y}_i)$ を推定するのが，ベイズモデルなのである．もう少し正確に書けば，MCMC 法は多変量の事後分布を推定する際に必要となる多重積分を，シミュレーションによって解く方法である．具体的には，多変量事後分布からサンプルを発生させて，それを用いてパラメータの事後分布の期待値を求める．

MCMC 法は，手続きの内容から 2 つのステップに分割できる．図 8.3 には，その 2 つの処理を模式的に示した．

MCMC 法のステップ
1) エルゴード性を有するマルコフ連鎖をシミュレートしサンプリングする
2) モンテカルロ積分によって期待値を算定する

「エルゴード性」とは，異なる初期値に対するある時刻での各事象の発生確率と，特定の初期値について無限回推移させた場合の各事象の発生確率が等しくなる性質をさす．すなわち，エルゴード性が成立すれば，マルコフ連鎖でシミュレーションを実施する際にどのような初期値からスタートしたとしても結果に違いは生じない．第1ステップは図8.3の「MCMCの時間進展」と記載した部分に，第2ステップは図8.3の右端のヒストグラムを作成する部分にそれぞれ対応する．

マルコフ連鎖

確率変数の系列 $(\Theta_0,\ldots,\Theta_t)$ に対して，その実現値 $(\theta_0,\ldots,\theta_t)$ が与えられた状態を考える．このとき，確率変数 Θ_{t+1} の確率分布が式 (8.12) を満たすとき，$(\Theta_0,\ldots,\Theta_t,\ldots)$ をマルコフ連鎖と呼ぶ．

$$\Pr(\Theta_{t+1}=\theta_{t+1}|\theta_0,\ldots,\theta_t) = \Pr(\Theta_{t+1}=\theta_{t+1}|\theta_t) \tag{8.12}$$

式 (8.12) は，Θ_{t+1} の確率分布が直前の値 θ_t だけに依存し，それ以前の値とは独立であることを意味する．

MCMC法は，その名のとおりマルコフ連鎖を用いて乱数の発生を行う点が特徴である．これは，独立に乱数が生成できない一般的なモデルにも適用できることを意味し，MCMC法の適用が急速に拡大した．

推移確率 $p(\cdot|\cdot)$ をもつマルコフ連鎖を用いて乱数を発生させることを定式化すると，式 (8.13) のように表現できる．

$$\theta^{(i+1)} \sim p\left(\theta|\theta^{(i)}\right), \quad i=1,2,\ldots \tag{8.13}$$

モンテカルロ積分

確率変数 Θ の確率密度関数を $\pi(\Theta)$ とし，$\pi(\Theta)$ から M 個の標本，$\theta^{(1)},\ldots,\theta^{(M)}$ が発生されているとする．このとき，これらの標本を用いて式 (8.14) に示す積分の評価を考える．

$$\mu = E_\pi(g(\theta)) = \int g(\theta)\pi(\theta)d\theta \tag{8.14}$$

式中，$\pi(\theta)$ は定常分布と呼ばれ，ベイズモデルの推測では事後分布がそれに対応する．式 (8.14) に示す積分について式 (8.15) で近似する操作をモンテカルロ積分と呼ぶ．

$$\mu \approx \widehat{\mu} = \frac{1}{M} \sum_{i=1}^{M} g\left(\boldsymbol{\theta}^{(i)}\right) \tag{8.15}$$

式 (8.15) による積分は，大数の法則により成立する一致性と呼ぶ性質（式 (8.16)）により，その正当性が保証される．

$$\widehat{\mu}_M = \frac{1}{M} \sum_{i=1}^{M} g\left(\boldsymbol{\theta}^{(i)}\right) \to E_\pi\left(g\left(\boldsymbol{\theta}\right)\right), \quad M \to \infty \tag{8.16}$$

通常，式 (8.16) は独立な乱数を用いた場合に成立する．ただし，エルゴード性を有するマルコフ連鎖による乱数を用いても，M が十分に大きければやはり一致性が成立する．これが MCMC 法の正当性を保証する 1 つの理由である．重要な点であるので付記しておく．

b. メトロポリス–ヘイスティングス法（M–H 法）

MCMC 法の第 1 ステップであるパラメータをサンプリングする方法であるメトロポリス–ヘイスティングス法（M–H 法）を説明する．M–H 法は，パラメトリックモデルであればどのような統計モデルでも適用可能であり，適用範囲の広いサンプリング法である．M–H 法は下記の囲みのアルゴリズムの 2)〜4) を多数回繰り返すことで履行する．

M–H 法のフロー

1) ある条件付分布（サンプラー），$q(\cdot|\cdot)$ を設定する．
2) $\boldsymbol{\theta}^* \sim q\left(\boldsymbol{\theta}|\boldsymbol{\theta}^{(i)}\right)$，すなわち $\boldsymbol{\theta}$ を $q\left(\boldsymbol{\theta}|\boldsymbol{\theta}^{(i)}\right)$ からサンプリングする．
3) $\boldsymbol{\theta}^*$ を採択するかどうかの採択確率 $\alpha\left(\boldsymbol{\theta}^{(i)}, \boldsymbol{\theta}\right)$ を，式 (8.17) により算定する．

$$\alpha\left(\boldsymbol{\theta}^{(i)}, \boldsymbol{\theta}^*\right) = \min\left(1, \frac{\pi\left(\boldsymbol{\theta}^*\right) q\left(\boldsymbol{\theta}^{(i)}|\boldsymbol{\theta}^*\right)}{\pi\left(\boldsymbol{\theta}^{(i)}\right) q\left(\boldsymbol{\theta}^*|\boldsymbol{\theta}^{(i)}\right)}\right). \tag{8.17}$$

4) $(0,1)$ 区間の一様乱数 u を用いて，式 (8.18) の確率的選択を行う．

$$\begin{aligned}\boldsymbol{\theta}^{(i+1)} &= \boldsymbol{\theta}^*, \quad u \leq \alpha\left(\boldsymbol{\theta}^{(i)}, \boldsymbol{\theta}^*\right), \\ \boldsymbol{\theta}^{(i+1)} &= \boldsymbol{\theta}^{(i)}, \quad u > \alpha\left(\boldsymbol{\theta}^{(i)}, \boldsymbol{\theta}^*\right).\end{aligned} \tag{8.18}$$

図 8.4 には，上述の M–H 法の直感的イメージを模式的に示した．図に示す

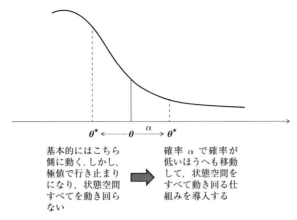

図 8.4 M–H 法の直感的理解

ように，基本的には事後確率が大きくなる方向にマルコフ連鎖が動いていくが，採択確率 $\alpha\left(\boldsymbol{\theta}^{(i)}, \boldsymbol{\theta}^{*}\right)$ で確率が小さくなるほうへも動く．この性質によって，パラメータの空間全体をカバーできるようになる．

ランダムウォーク・サンプラー

M–H 法でパラメータをサンプリングする 1 つの方法として，式 (8.19) を用いるランダムウォーク・サンプラーがある．

$$\boldsymbol{\theta}^{*} = \boldsymbol{\theta}^{(i)} + v, \quad v \sim N(0, \sigma_v) \tag{8.19}$$

ランダムウォーク・サンプラーは対称分布，すなわち $q(\boldsymbol{\theta}^{*}, \boldsymbol{\theta}) = \phi(v) = \phi(\boldsymbol{\theta}^{*} - \boldsymbol{\theta}) = q(\boldsymbol{\theta}, \boldsymbol{\theta}^{*})$ ($\phi(\cdot)$ は正規分布を示す) であるので，採用確率は式 (8.20) になる．

$$\alpha\left(\boldsymbol{\theta}^{(i)}, \boldsymbol{\theta}^{*}\right) = \min\left(1, \frac{p(\boldsymbol{y}|\boldsymbol{\theta}^{*}) p(\boldsymbol{\theta}^{*})}{p(\boldsymbol{y}|\boldsymbol{\theta}^{(i)}) p(\boldsymbol{\theta}^{(i)})}\right) \tag{8.20}$$

式から明らかなように，ランダムウォーク・サンプラーの採択確率は事後確率の比になる．

このサンプラーを用いる場合，σ_v の設定によって採択確率 $\alpha(\boldsymbol{\theta}^{(i)}, \boldsymbol{\theta}^{*})$ が変動する．仮に σ_v を大きく設定すると $\alpha(\boldsymbol{\theta}^{(i)}, \boldsymbol{\theta}^{*})$ が小さくなりほとんど採択されない．一方，σ_v を小さく設定すると $\alpha(\boldsymbol{\theta}^{(i)}, \boldsymbol{\theta}^{*})$ が 1 に近くなり候補サンプルは採択されやすくなる．このように考えれば，σ_v を小さく設定すれば効率

的にサンプリングできそうに思えるが，実際にはそう単純ではない．σ_v を小さく設定すると状態空間（8.3 節に示す状態空間モデルの「状態空間」とは異なるもので，ここではパラメータのとりうる値の空間をさす）を動き回るのに時間がかかり，結局収束するまでに時間がかかってしまうことになる．通常，$\alpha(\boldsymbol{\theta}^{(i)}, \boldsymbol{\theta}^*) = 0.4$ 程度になるように σ_v をチューニングする．ただし，これは理論的というよりは経験的な基準である．

独立サンプラー

M–H 法でパラメータをサンプリングする他の手法として，前述のランダムウォーク・サンプラーと異なり，1 時点前のサンプルに依存しないサンプラー（式 (8.21)）があり，独立サンプラーと呼ばれる．

$$q\left(\boldsymbol{\theta}, \boldsymbol{\theta}^*\right) = \phi\left(\boldsymbol{\theta}^*\right) \tag{8.21}$$

式中，$\phi(\cdot)$ は正規分布を示す．この場合，採択確率は式 (8.22) に示すように尤度関数の比になる．

$$\alpha\left(\boldsymbol{\theta}^{(i)}, \boldsymbol{\theta}^*\right) = \min\left(1, \frac{p\left(\boldsymbol{y}|\boldsymbol{\theta}^*\right)}{p\left(\boldsymbol{y}|\boldsymbol{\theta}^{(i)}\right)}\right) \tag{8.22}$$

独立サンプラーは，非常によく機能する場合とまったく機能しない場合のどちらかであることが多く，その取り扱いはランダムウォーク・サンプラーよりも注意しなければならない．

図 8.5 には，前述の M–H 法をフローチャート形式で示した．自身で MCMC 法をプログラミングする際に，このアルゴリズムの理解は必須である．前述の囲みとあわせて，十分に理解を深めてほしい．

c. ギブズ法

M–H 法と同様に MCMC 法におけるサンプラーの 1 つであるギブズサンプラーを説明する．ギブズサンプラーは，8.1.1 項の表 8.1 で例示した自然共役性が成立するモデル設定の場合に活用可能であり，M–H 法よりも効率的である．以降では複数のパラメータが存在する場合を想定し議論を進める（$\boldsymbol{\theta} = (\theta_1, \ldots, \theta_p)$）．はじめに，M–H 法の一種として位置づけられる **Single-Component M–H 法**（SCMH 法）を説明し，次にギブズサンプラーのアルゴリズムを導入する．SCMH 法では，パラメータ θ_j ごとにサンプラー $q_j(\cdot|\cdot)$ を設定し，i 番目の繰

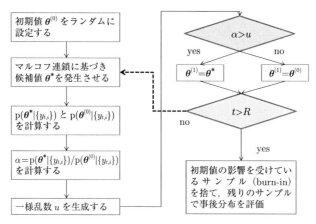

図 8.5　M–H 法のフロー

り返しステップで，$\theta_1, \ldots, \theta_p$ をその順に逐次的に発生させる方法である．下記の囲みがそのアルゴリズムになる．

Single-Component M–H 法
- $\theta_1^{(i+1)} \sim q_1\left(\cdot | \theta_2^{(i)}, \ldots, \theta_p^{(i)}\right)$
- $\theta_2^{(i+1)} \sim q_2\left(\cdot | \theta_1^{(i+1)}, \theta_3^{(i)}, \ldots, \theta_p^{(i)}\right)$
- $\vdots$
- $\theta_p^{(i+1)} \sim q_p\left(\cdot | \theta_1^{(i+1)}, \theta_2^{(i+1)}, \ldots, \theta_{p-1}^{(i+1)}\right)$

SCMH 法では，サンプラーを最新のパラメータで条件づけした分布で構成する．繰り返しステップ i から $i+1$ へ推移する直前の，θ_j 以外のパラメータの値を，$\boldsymbol{\theta}_{-j}^{(i)} = \left(\theta_1^{(i+1)}, \ldots, \theta_{j-1}^{(i+1)}, \theta_{j+1}^{(i)}, \ldots, \theta_p\right)$ と表す．この場合，式 (8.17) に示す採択確率は，サンプラー，定常分布とも現在の条件付確率になるため，採択確率は式 (8.23) になる．

$$\alpha\left(\theta_j^{(i)}, \theta | \boldsymbol{\theta}_{-j}^{(i)}\right) = \min\left(1, \frac{\pi_j\left(\theta | \boldsymbol{\theta}_{-j}^{(i)}\right) q_j\left(\theta_j^{(i)} | \theta, \boldsymbol{\theta}_{-j}^{(i)}\right)}{\pi_j\left(\theta_j^{(i)} | \boldsymbol{\theta}_{-j}^{(i)}\right) q_j\left(\theta | \theta_j^{(i)}, \boldsymbol{\theta}_{-j}^{(i)}\right)}\right). \quad (8.23)$$

式 (8.23) 中，$\pi_j\left(\theta_j^{(i)} | \boldsymbol{\theta}_{-j}^{(i)}\right)$ を完全条件付分布と呼び，式 (8.24) で定義される．

$$\pi_j\left(\theta_j^{(i)}|\boldsymbol{\theta}_{-j}^{(i)}\right) = \frac{\pi\left(\theta_j^{(i)},\boldsymbol{\theta}_{-j}^{(i)}\right)}{\int \pi\left(\theta_j^{(i)},\boldsymbol{\theta}_{-j}^{(i)}\right)d\theta_j^{(i)}}. \tag{8.24}$$

ギブズサンプラーは，式 (8.24) に示す完全条件付分布をサンプラー $q(\cdot|\cdot)$ としたアルゴリズムであり，サンプラーを式 (8.25) のように設定する．

$$q_j\left(\theta|\theta_j^{(i)},\boldsymbol{\theta}_{-j}^{(i)}\right) = \pi_j\left(\theta|\boldsymbol{\theta}_{-j}^{(i)}\right). \tag{8.25}$$

ギブズサンプラーを用いれば，求めたい事後分布（定常分布）からのサンプリングになり，$\boldsymbol{\theta}^{(i+1)}$ は $\boldsymbol{\theta}^{(i)}$ に依存しない．そのため，前項に示した独立サンプラーの一種になる．また，式 (8.25) を式 (8.23) に代入すると，$\alpha\left(\theta_j^{(i)},\theta|\boldsymbol{\theta}_{-j}^{(i)}\right) = 1$ になる．その意味では，常に採択される独立サンプラーを用いた M–H 法がギブズサンプラーだといえる．

完全条件付分布として自然共役事前分布を用いたギブズサンプラーが非常に多く使われる．この場合，完全条件付分布が解析的に既知の分布として表現でき，乱数発生も容易であるため，効率的なアルゴリズムが構成できる．図 8.6 は，パラメータが 2 つのケースでギブズサンプラーがどのように稼働するかを模式的に示した．$q_1(\cdot), q_2(\cdot)$ は $\boldsymbol{\theta}_1, \boldsymbol{\theta}_2$ それぞれの完全条件付分布を示すものとする．アルゴリズムは $\boldsymbol{\theta}_1^{(0)} \longrightarrow \boldsymbol{\theta}_2^{(1)}|\boldsymbol{\theta}_1^{(0)} \longrightarrow \boldsymbol{\theta}_1^{(1)}|\boldsymbol{\theta}_2^{(1)} \longrightarrow \boldsymbol{\theta}_2^{(2)}|\boldsymbol{\theta}_1^{(2)} \longrightarrow \cdots$ という流れで，既知の分布である $q_1(\cdot), q_2(\cdot)$ からサンプリングする．パラメータが 3 以上の場合でも，図 8.6 のイメージを拡張してもらえればよい．

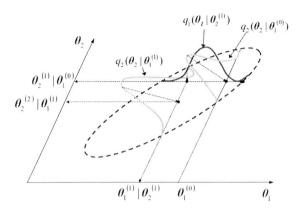

図 8.6 ギブズサンプラーの処理（2 つのパラメータの場合）

d. 階層ベイズロジットモデルの推定アルゴリズム

以降には，8.2.1 項に示した階層ベイズロジットモデルの推定アルゴリズムを示す．アルゴリズムは，M-H 法とギブズ法を混合して構成する．式 (8.26) は，推定対象となるパラメータの同時事後分布である．

$$p(\{\boldsymbol{\beta}_i\}, \boldsymbol{\Theta}, \boldsymbol{V}_\beta | \{\boldsymbol{y}_{i,t}\}, \{\boldsymbol{z}_i\}, \{\boldsymbol{x}_{i,t}\})$$
$$\propto \underbrace{p(\boldsymbol{\Theta}|\boldsymbol{V}_\beta)}_{①} \underbrace{p(\boldsymbol{V}_\beta)}_{②} \underbrace{\prod_{i=1}^{I} p(\boldsymbol{\beta}_i|\boldsymbol{\Theta}, \boldsymbol{V}_\beta, \boldsymbol{z}_i)}_{③} \underbrace{\prod_{t=1}^{T_i} p(\boldsymbol{y}_{i,t}|\boldsymbol{\beta}_i, \boldsymbol{x}_{i,t})}_{④} \quad (8.26)$$

式中，I, T_i は総個人数と個人 i のデータ数をそれぞれ示す．式 (8.26) に示す分解は，同時事後分布がパラメータとデータの同時分布に比例することと，データ，パラメータの依存関係を理解すれば，その導出は難しくない．ただし，ベイズモデルの初学者は同時事後分布の分解に困難を感じるかもしれない．同時事後分布が生成モデルとしての条件付分布に分解できないと，MCMC 法のアルゴリズムを構成できず，モデルが推定できない．

前段の問題点（同時事後分布を分解できない）は，無閉路有向グラフ（Directed Acyclic Graph，以降 DAG）を用いれば容易に解決できる．以降では，はじめに DAG の書き方を説明し，次にそれを用いて同時事後分布を定式化する手順を示す．下記の囲みが DAG を描く手順である．

DAG の書き方のルール

1)「パラメータ」と「データ」を記号として列挙する
2) パラメータは○で囲み，一方データは□で囲む（○と□をノードという）
3) ノード間の依存関係を矢印（→）で結ぶ（矢印を出しているノードを「親」，受けているノードを「子」と呼ぶ）

図 8.7 は，上記の考え方に基づき書いた階層ベイズロジットモデルの DAG である．図の ①，②，③ は，階層モデルの構造を表している（事前分布）．④ は，モデルの尤度を示す．図 8.7 を見れば，複雑に見えるモデルの全体像が理解できる．

次に，下記の囲みの手順で DAG を確率モデルとして定式化する．説明の簡

8.2 階層ベイズモデルによるブランド選択行動のモデル化

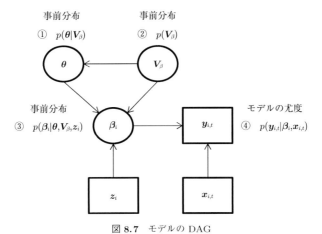

図 8.7 モデルの DAG

略化のために，条件付分布を $p(A|B)$ とし，対象パラメータの位置を A で，条件となるパラメータあるいはデータの位置を B で示す．

DAG から同時事後分布を得る手順

1) 子ノードを A に，親ノードを B に列挙する
2) 親ノードをもたないノードは条件のない確率モデル $p(C)$ で表現する
3) 子ノード（条件付確率の A の位置にある変数）の添え字に注意し，その添え字に関してすべてかけ算する．たとえば，パラメータに個人を示す添え字 i だけがついている場合は $\prod_{i=1}^{I}$ を，個人を示す添え字 i と時点を示す添え字 t がついている場合は $\prod_{i=1}^{I}\prod_{t=1}^{T}$ を使う
4) 上記 3) の結果と添え字がない生成モデルをすべてかけ合わせる．これが同時事後分布の分解表現になる

上記 3) に留意し，図中の ①〜④ をかけ算してもらえれば，式 (8.26) の 2 行目に一致する．モデル推定のアルゴリズムは，式 (8.26) の第 2 式に示した生成モデルを用いて構成する（その詳細は以降に示す）．

階層ベイズモデルでは，繰り返しになるが式 (8.26) に基づき MCMC による推定アルゴリズムを導出する．同時事後分布の分解に基づく，アルゴリズム導出の考え方は，下記の囲みに示すとおりである．図 8.7 も確認しながら，下記

の囲みをよく理解してほしい.

> **アルゴリズム導出の考え方**
> 1) 同時事後分布から各パラメータに関連する部分を抜き出す（$\boldsymbol{\beta}_i$ は ③ と ④；$\boldsymbol{\Theta}$ は ① と ③；$\boldsymbol{V}_\beta$ は ② と ③）
> 2) 各パラメータごとに 1) で抜き出した式が共役になるか非共役かを判断する.
>   a) $\boldsymbol{\beta}_i \longrightarrow$ ③× ④ $\longrightarrow$ 正規分布 × ロジットモデル $\longrightarrow$ 非共役
>   b) $\boldsymbol{\Theta} \longrightarrow$ ① × ③ $\longrightarrow$ 正規分布 × 正規分布 $\longrightarrow$ 共役
>   c) $\boldsymbol{V}_\beta \longrightarrow$ ②× ③ $\longrightarrow$ 逆ウィシャート分布 × 正規分布 $\longrightarrow$ 共役
> 3) 2) に基づき最終的なアルゴリズムを構成する

$\boldsymbol{\beta}_i$ の発生

$\boldsymbol{\beta}_i$ の発生は，上述のように共役にならないため，M–H 法を用いてサンプリングする．具体的には下記の囲みに示すように，ランダムウォークにより候補パラメータをサンプリングするランダムウォーク M–H 法を用いる.

> **ランダムウォーク M–H 法**
> 第 j ステップまでサンプリングされていると仮定する.
> 1) $v \sim N(0, \sigma_v)$ でサンプリングし，$\boldsymbol{\beta}_i^* = \boldsymbol{\beta}_i^{(j)} + v$ とする.
> 2) $\boldsymbol{\beta}_i^*$ を採択するかどうかの採択確率 $\alpha\left(\boldsymbol{\beta}_i^{(j)}, \boldsymbol{\beta}_i^*\right)$ を，式 (8.27) により算定する.
>
> $$\alpha\left(\boldsymbol{\beta}_i^{(j)}, \boldsymbol{\beta}_i^*\right) = \min\left(1, \frac{\prod_{t=1}^{T_i} p(\boldsymbol{y}_{i,t}|\boldsymbol{\beta}_i^*, \boldsymbol{x}_{i,t}) p(\boldsymbol{\beta}_i^*|\boldsymbol{\Theta}, \boldsymbol{V}_\beta, \boldsymbol{z}_i)}{\prod_{t=1}^{T_i} p(\boldsymbol{y}_{i,t}|\boldsymbol{\beta}_i^{(j)}, \boldsymbol{x}_{i,t}) p(\boldsymbol{\beta}_i^{(j)}|\boldsymbol{\Theta}, \boldsymbol{V}_\beta, \boldsymbol{z}_i)}\right). \quad (8.27)$$
>
> 3) $(0, 1)$ 区間の一様乱数 u を用いて，式 (8.28) の確率的選択を行う.
>
> $$\begin{aligned}\boldsymbol{\beta}_i^{(j+1)} &= \boldsymbol{\beta}_i^*, \ \ u \leq \alpha\left(\boldsymbol{\beta}_i^{(j)}, \boldsymbol{\beta}_i^*\right), \\ \boldsymbol{\beta}_i^{(j+1)} &= \boldsymbol{\beta}_i^{(j)}, \ \ u > \alpha\left(\boldsymbol{\beta}_i^{(j)}, \boldsymbol{\beta}_i^*\right). \end{aligned} \quad (8.28)$$

$\boldsymbol{\Theta}$ と $\boldsymbol{V}_\beta$ の発生

$\boldsymbol{\Theta}$ と $\boldsymbol{V}_\beta$ は，前述のとおりギブズサンプラーでサンプリングできる．下記の

8.2 階層ベイズモデルによるブランド選択行動のモデル化   145

囲みには結果だけを示すが,「アルゴリズム導出の考え方」に示した式を丁寧に整理すれば,下記が導出できる (照井, 2008). 興味のある読者は下記の式を具体的に導出してみてほしい.

ギブズサンプラー

1) $\mathrm{vec}\,(\boldsymbol{\Theta}) \sim \mathrm{N}\left(\tilde{\boldsymbol{\delta}}, \boldsymbol{V}_\beta \otimes \left(\boldsymbol{Z}^t \boldsymbol{Z} + \boldsymbol{A}\right)^{-1}\right)$
  ただし,$\tilde{\boldsymbol{\delta}} = \mathrm{vec}\left(\tilde{\boldsymbol{D}}\right)$, $\tilde{\boldsymbol{D}} = \left(\boldsymbol{Z}^t \boldsymbol{Z} + \boldsymbol{A}\right)^{-1}\left(\boldsymbol{Z}^t \boldsymbol{Z} \widehat{\boldsymbol{D}} + \boldsymbol{A} \bar{\boldsymbol{D}}\right)$,
  $\widehat{\boldsymbol{D}} = \left(\boldsymbol{Z}^t \boldsymbol{Z}\right)^{-1} \boldsymbol{Z}^t \boldsymbol{B}$, $\bar{\boldsymbol{D}} = \boldsymbol{0}$ とする.
2) $\boldsymbol{V}_\beta \sim \mathrm{IW}\left(\nu_0 + I, \boldsymbol{V}_0 + \boldsymbol{S}^t\right)$
  ただし,I は顧客数を示し,$\boldsymbol{S}^t = \sum_{i=1}^{I}\left(\boldsymbol{\beta}_i - \bar{\boldsymbol{\beta}}_i\right)\left(\boldsymbol{\beta}_i - \bar{\boldsymbol{\beta}}_i\right)^t$,
  $\bar{\boldsymbol{\beta}}_i = \boldsymbol{\Theta}^t \boldsymbol{z}_i$ とする.

8.2.3 DIC

本項では,階層ベイズモデルにおいてモデル比較を行う際に用いる情報量規準,**DIC**(Deviance Information Criteria, 偏差情報量規準)を説明する.階層ベイズモデルでは,すべてのパラメータをベイズ推定するため,最尤法に基づき計算される AIC ではモデル比較を行えない.誤解を生じやすい点であるので注記しておく.

はじめに偏差尺度 D を式 (8.29) で定義する.以降では,$\boldsymbol{\theta}_m$ をモデル m に含まれるパラメータのベクトルとする.

$$\mathrm{D}(\boldsymbol{\theta}_m) = -2 \log p\,(\boldsymbol{y}|\boldsymbol{\theta}_m) \tag{8.29}$$

$\mathrm{D}(\boldsymbol{\theta}_m)$ は MCMC 法の繰り返しの各ステップで計算できる.モデルの適合度を示す DIC を,事後分布上での $\mathrm{D}(\boldsymbol{\theta}_m)$ の期待値と有効パラメータ数と呼ぶモデルの複雑度を示す p_D を用い,式 (8.30) で定義する.

$$\mathrm{DIC}_m = \bar{\mathrm{D}}(\boldsymbol{\theta}_m) + p_D \tag{8.30}$$

$\mathrm{D}(\boldsymbol{\theta}_m)$ の期待値は式 (8.31) で与えられる.

$$\bar{\mathrm{D}}(\boldsymbol{\theta}_m) = \frac{1}{N} \sum_{n=1}^{N} \mathrm{D}\left(\boldsymbol{\theta}_m^{(n)}\right) \tag{8.31}$$

ここで,n は burn-in サンプル(初期値の影響の残っていると考えられるサン

プル）を捨てた後にリナンバリングした変数を示し，N は，MCMC の総繰り返し回数から burn-in サンプルの数を引いた値を示す．また，$\boldsymbol{\theta}_m^{(n)}$ は各繰り返しステップで発生されたパラメータベクトルを示す．さらに，p_D は式 (8.32) で定義する．

$$p_D = \bar{\mathrm{D}}(\boldsymbol{\theta}_m) - \mathrm{D}(\bar{\boldsymbol{\theta}}_m) \tag{8.32}$$

式中，$\bar{\boldsymbol{\theta}}_m$ は $\boldsymbol{\theta}_m$ の事後平均を示す．

DIC を用いたモデル比較は，基本的に AIC を用いたモデル比較と同様，候補としたモデルの中で最小の DIC をもつモデルを最も良いモデルとして採用する．

8.2.4 階層ベイズロジットモデルの分析事例

本項での分析に用いたデータは第 4 章で用いたデータと同一であり，詳細は 4.3.3 項を見てほしい．ただし，4.3.3 項では顧客のデモグラフィック属性は用いていない．本章の解析例では，階層モデルの説明変数として顧客の「年齢」と「家族人数」を用いる．

a. モデル

表 8.2 には，以降のモデルで用いる記号を整理した．式 (8.33) が効用関数になる．

$$\begin{aligned} U_{i,t,1} &= \beta_{1,i}x^1_{i,t,1} + \beta_{2,i}x^2_{i,t,1} + \beta_{3,i}x^3_{i,t,1} + \beta_{4,i} \phantom{+\beta_{5,i}} + \varepsilon_{i,t,1} \\ U_{i,t,2} &= \beta_{1,i}x^1_{i,t,2} + \beta_{2,i}x^2_{i,t,2} + \beta_{3,i}x^3_{i,t,2} + \beta_{5,i} + \varepsilon_{i,t,2} \\ U_{i,t,3} &= \beta_{1,i}x^1_{i,t,3} + \beta_{2,i}x^2_{i,t,3} \phantom{+ \beta_{3,i}x^3_{i,t,3} + \beta_{5,i}} + \varepsilon_{i,t,3} \end{aligned} \tag{8.33}$$

$\beta_{4,i}$ および $\beta_{5,i}$ は定数項ダミーであり，識別性の観点から（選択肢数 -1）しか

表 8.2 線形回帰モデルで用いる変数

変数	説明
$y_{i,t}$	個人 i の購買時点 t での選択結果 ($j = 1, 2, 3$)
$x^1_{i,t,j}$	個人 i の購買時点 t の商品 j の価格掛率の対数
$x^2_{i,t,j}$	個人 i の購買時点 t の商品 j の山積み陳列実施の有無（実施 1，非実施 0）
$x^3_{i,t,j}$	個人 i の購買時点 t の商品 j のチラシ掲載の有無（掲載 1，非掲載 0）
z^1_i	個人 i の年齢
z^2_i	個人 i の家族人数
$\beta_{1,i}, \ldots, \beta_{5,i}$	個人 i の反応パラメータ

モデル内に取り込めない．この点は，第 4 章のモデルと共通である．本事例モデルでは，選択肢数が 3 であり 2 つの定数項ダミーしかモデルに取り込めないため，商品 1 および 2 のそれらを導入し，効用関数を定式化している．式 (8.34) は式 (8.33) から効用の確定項のみを取り出して示した．

$$V_{i,t,1} = \beta_{1,i}x^1_{i,t,1} + \beta_{2,i}x^2_{i,t,1} + \beta_{3,i}x^3_{i,t,1} + \beta_{4,i}$$
$$V_{i,t,2} = \beta_{1,i}x^1_{i,t,2} + \beta_{2,i}x^2_{i,t,2} + \beta_{3,i}x^3_{i,t,2} + \beta_{5,i} \quad (8.34)$$
$$V_{i,t,3} = \beta_{1,i}x^1_{i,t,3} + \beta_{2,i}x^2_{i,t,3}$$

式 (8.33) の $\varepsilon_{i,t,j}$ が独立にガンベル分布に従うと仮定すると，式 (8.4) に示したロジットモデルが導出される．

本章のモデルでは，上記の観測モデルに加えて，階層モデルを定式化しなければならない．$\boldsymbol{\beta}_i = (\beta_{1,i}, \ldots, \beta_{5,i})^t$，$\boldsymbol{z}_i = (z^1_i, z^2_i)^t$ とし，その回帰係数を $\boldsymbol{\Theta}$ とする．式 (8.35) が階層モデルになる．

$$\boldsymbol{\beta}_i = \boldsymbol{\Theta}^t \boldsymbol{z}_i + \boldsymbol{\eta}_i, \quad \text{MVN}(\boldsymbol{0}, \boldsymbol{V}_\beta) \quad (8.35)$$

事前分布に関しては，8.2.1 項 c に示した設定を用いる．以上で，モデルが定式化できたことになる．

b．モデル推定結果

はじめにモデル比較結果から説明する．モデル比較では，a に示したモデル（モデル 1）のほかに，モデル 1 からチラシ変数を除いたモデル（モデル 2），モデル 1 から山積み変数を除いたモデル（モデル 3）の 3 つを仮定し，モデル比較した．図 8.8 には，8.2.4 項で説明した DIC を示した．DIC によれば，モデル 1 が選択される．以降は，モデル 1 の推定結果を説明する．

表 8.3 には，顧客ごとの事後平均の平均と擬似 t-値（事後平均 ÷ 事後標準偏差）で顧客ごとに有意性を判定した結果を示す．有意性は $|t\text{-値}| > 1.96$ なら有意，その他の場合を非有意と判定した．なお，階層ベイズモデルでは，本来であれば HPD（High Probability Density）リージョンと呼ぶ区間を算定し，その区間が 0 を含むかどうかでパラメータの有意性を検証すべきである（0 を含まない場合有意，0 を含む場合非有意と判定する）．ここでは，簡便性の観点から，MCMC の履歴から容易に算定できる擬似 t-値を用いた．価格掛率の対数，$x^1_{i,t,1}$ は対象としたすべての顧客で有意になっている．一方で，山積み陳列

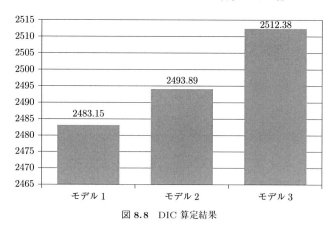

図 8.8 DIC 算定結果

表 8.3 事後平均の平均と有意な顧客数

パラメータ	事後平均の平均	有意な人数
log（価格掛率）	-15.5004	103
山積み陳列	0.4754	5
チラシ掲載	1.4226	16
定数項 1	-3.4850	70
定数項 2	-3.8733	72

$x^2_{i,t,1}$ やチラシ掲載 $x^3_{i,t,1}$ がブランド選択に有意に影響する顧客は少ない．

図 8.9 には，顧客ごとの事後平均の密度推定結果である．図中，縦棒で示したのは 4.3.3 項に示した異質性を考慮しないブランド選択モデルの最尤推定量である．価格掛率の対数，$x^1_{i,t,1}$ に対する反応係数を除き，最尤推定量は個人ごと事後平均の中央値付近に推定されている．一方で，価格掛率の対数，$x^1_{i,t,1}$ に対する最尤推定量は絶対値の意味でかなり小さめに推定されている．

なお，ここでは紙幅の都合上省略するが，式 (4.16) に示した価格弾力性や式 (4.18) に示したオッズ比が個人ごとに算定できるのはいうまでもない．

8.2.5 階層ベイズモデルの応用

本分析例で示したように階層ベイズロジットモデルを用いれば，顧客ごとの反応係数を推定できる．顧客ごとに反応係数が推定できれば，個を意識したマーケティングへの活用可能性が格段に高まる．階層ベイズモデルは，みかけ上複雑な処理をしているように見えるが，理解してしまえばそれら処理の骨子は非

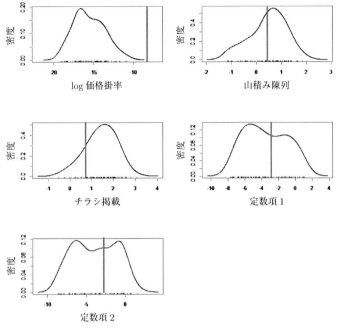

図 8.9　個人ごと事後平均の分布

常に単純だとわかる．モデルおよびアルゴリズムの拡張性は非常に高いため，本節で紹介したロジットモデルに限らず，階層ベイズ型モデルはマーケティング現象のモデル化でさまざまに活用できる．ぜひ習得してほしい．

8.3　線形・ガウス型状態空間モデルによる動的市場反応のモデル化

　本節では，はじめに動的市場反応モデルについて第 3 章で紹介した静的市場反応モデル（線形回帰モデル）を拡張する形式で説明し，線形・ガウス型状態空間モデルを導入する．次に線形・ガウス型状態空間モデルの推定法である，カルマンフィルタ／固定区間平滑化を概説し，最後に第 3 章と同じデータを用いた解析事例を説明する．

8.3.1 線形・ガウス型状態空間モデル

線形回帰モデルを例に，線形・ガウス型状態空間モデルを説明する．線形・ガウス型状態空間モデルによるモデル化では，式 (8.1) の右辺最終式に示すように，2つのモデル $p(\boldsymbol{y}_i|\boldsymbol{\beta}_i,\boldsymbol{\theta}), p(\boldsymbol{\beta}_i|\boldsymbol{\theta})$ を定式化しなければならない．本項の事例では，パラメータ $\boldsymbol{\theta}$ を最尤法で推定する（経験ベイズ）．そのため事前分布 $p(\boldsymbol{\theta})$ の特定は不要である．この点が，8.2 節で説明したフルベイズ法によるモデリングと大きく異なる．以降では，説明の都合上，$p(\boldsymbol{y}_i|\boldsymbol{\beta}_i,\boldsymbol{\theta}), p(\boldsymbol{\beta}_i|\boldsymbol{\theta})$ を観測モデル，システムモデルと呼ぶ．ただし，システムモデルは，階層ベイズモデルにおける個体間モデルおよび階層モデル（事前分布）と同一の役割を担う．なお，添え字が時点を示すことを明確にするために，以降では i の代わりに t を用いる．

a. 動的市場反応モデル（観測モデル）

観測モデルは，これまでの章で説明したモデル化と基本的に同じ考え方で実施する．第 3 章の式 (3.1) に示した線形回帰モデルを式 (8.36) に再掲する．

$$y_t = x_t^0 \beta_0 + x_t^1 \beta_1 + \cdots + x_t^p \beta_p + \varepsilon_t, \qquad \varepsilon_t \sim \mathrm{N}\left(0, \sigma^2\right) \\ \equiv \boldsymbol{x}_t^t \boldsymbol{\beta} + \varepsilon_t \tag{8.36}$$

通常の静的市場反応モデルを動的市場反応モデルに拡張する場合，式 (8.36) を式 (8.37) のように修正するだけであり，定式化上は非常に単純である．ただし，式 (8.36) のパラメータ β の添え字に t が追加されている点に注目してほしい．

$$y_t = x_t^0 \underline{\beta_{0,t}} + x_t^1 \underline{\beta_{1,t}} + \cdots + x_t^p \underline{\beta_{p,t}} + \varepsilon_t, \qquad \varepsilon_t \sim \mathrm{N}\left(0, \sigma^2\right) \\ \equiv \boldsymbol{x}_t^t \boldsymbol{\beta}_t + \varepsilon_t \tag{8.37}$$

式上の違いは添え字 t がついているか否かだけであるが，この違いは非常に大きい．式 (8.36) の $\boldsymbol{\beta} = (\beta_0, \beta_1, \ldots, \beta_p)^t$ は，分析対象としたデータ期間全体で共通の反応係数を表現しているにすぎない．一方で，式 (8.37) の $\boldsymbol{\beta}_t = (\beta_{0,t}, \beta_{1,t}, \ldots, \beta_{p,t})^t$ は時点ごとの反応係数を表現している．当然，$\boldsymbol{\beta}_t$ が推定できれば，$\boldsymbol{\beta}$ に比べてマーケティングでの活用範囲が広がる．この違いをもう少し具体的に説明する．ここでは，仮に 1000 時点の販売データがあると仮定する．式 (8.36) を仮定した場合，推定するパラメータは $p+2$ 個（反応係数 $p+1$ 個，分散 1 個）である．一方で，式 (8.37) を仮定した場合，$1000 \times (p+1) + 1$

個になる．モデル表現はほとんど違いがないが，推定負荷の差は大きい．

b. システムモデル（平滑化事前分布）

ここでは，システムモデルのモデル化を説明する．式 (8.37) に示した観測モデルの回帰係数 $\boldsymbol{\beta}_t = (\beta_{0,t}, \beta_{1,t}, \ldots, \beta_{p,t})^t$ には，時点を示す添え字 t がついている．すなわち，$\boldsymbol{\beta}_t$ は時点ごとの回帰係数なのである．当然，$\boldsymbol{\beta}_t$ は最尤法で推定できないため，$\boldsymbol{\beta}_t$ をモデル化することでこの困難に対応しなければならない．$\boldsymbol{\beta}_t$ のモデル化には，下記の囲みに示す 2 つのアプローチがある．

時変係数モデル化のアプローチ

1) パラメータの時間発展のメカニズムを消費者行動理論を援用し，モデル化する $\longrightarrow$ 理論駆動のアプローチ
2) 時間発展のメカニズムを滑らかさの仮定のもとでモデル化する $\longrightarrow$ データ駆動のアプローチ

マーケティング分野では，上記の理論駆動のアプローチに対応できる理論は現状まで構築されていない．そのため，通常はデータ駆動のアプローチ，すなわち滑らかさの仮定のもとで $\boldsymbol{\beta}_t$ をモデル化する．このアプローチは時系列分析において平滑化事前情報アプローチと呼ばれ，観測モデルがデータ数よりも多い未知パラメータをもつとき，パラメータに確率的制約を課し，パラメータの時間変動を実現するモデル化技術である．問題は，「滑らかに変動すること」をどのように定式化するかである．1 つの実現法は，隣り合う時点間のパラメータの差分が近似的に 0 になると期待するものである．具体的にこの要請は，式 (8.38) のように表現できる．

$$\beta_{k,t} - \beta_{k,t-1} \approx 0 \tag{8.38}$$

≈ 0 は「できる限り小さくあってほしいが，必ずしも 0 ではない」ということを示す記号である．つまり，滑らかさの仮定のもとでは，$\beta_{k,t}$ と $\beta_{k,t-1}$ は可能な限り近い値であってほしいが，通常は完全には一致しないことを想定する．ただし，隣り合うパラメータ間の差がほぼ 0 になるという仮定だけでは，モデルを定式化できたことにはならない．差の特性，つまり 0 からの乖離がどの程度の頻度で起こるのかを規定しなくてはならない．通常その差は，平均 0，分散 τ_k^2 の正規分布に従う微小なノイズ v_t^k に駆動されると仮定する．すなわち式

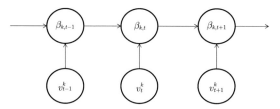

図 8.10　平滑化事前分布アプローチの仕組み

(8.39) のように表現する．

$$\beta_{k,t} - \beta_{k,t-1} \equiv v_t^k, \quad v_t^k \sim \mathrm{N}(0, \tau_k^2) \tag{8.39}$$

図 8.10 には，平滑化事前分布アプローチの依存関係の仕組みを示した．式 (8.37) に示した観測モデルの時変パラメータは，上述の説明を踏まえれば，式 (8.40) のように定式化できる．

$$\begin{aligned}
\beta_{0,t} &= \beta_{0,t-1} + v_t^0, & v_t^0 &\sim \mathrm{N}(0, \tau_0^2) \\
\beta_{1,t} &= \beta_{1,t-1} + v_t^1, & v_t^1 &\sim \mathrm{N}(0, \tau_1^2) \\
&\vdots \\
\beta_{p,t} &= \beta_{p,t-1} + v_t^p, & v_t^p &\sim \mathrm{N}(0, \tau_p^2)
\end{aligned} \tag{8.40}$$

式 (8.40) をまとめてベクトル表現すると式 (8.41) のように表現できる．

$$\boldsymbol{\beta}_t = \boldsymbol{\beta}_{t-1} + \boldsymbol{v}_t, \quad \boldsymbol{v}_t \sim \mathrm{MVN}(\boldsymbol{0}, \boldsymbol{Q}) \tag{8.41}$$

$\boldsymbol{Q} = \mathrm{diag}\left(\tau_0^2, \ldots, \tau_p^2\right)$ とする．式 (8.40)（式 (8.41)）は，平滑化事前情報アプローチで採用される事前分布という意味で平滑化事前分布と呼ばれる．また，下記 c で説明する線形・ガウス型状態空間モデルの枠組みでは，システムモデルと呼ばれる．

c．線形・ガウス型状態空間モデル

y_t を 1 変量の時系列とする．このとき，この時系列を表現する次の 2 つの式で定式化されるモデルを状態空間モデルと呼ぶ．具体的には，観測モデルとシステムモデルの 2 つのモデルで構成されるモデルを状態空間モデルと呼び，データを観測する仕組みを観測モデル，回帰係数の時間進展の仕組みをそれぞれ記述するモデルをシステムモデルと呼ぶ．

$$\begin{aligned}
\text{観測モデル} \quad & y_t = \boldsymbol{H}_t \boldsymbol{\beta}_t + w_t \\
\text{システムモデル} \quad & \boldsymbol{\beta}_t = \boldsymbol{F}_t \boldsymbol{\beta}_{t-1} + \boldsymbol{G}_t \boldsymbol{v}_t
\end{aligned} \tag{8.42}$$

ここで，$\boldsymbol{\beta}_t$ は直接には観測できない k 次元のパラメータベクトルで，通常，状態と呼ぶ．$\boldsymbol{v}_t$ はシステムノイズと呼ばれ，平均ベクトル $\boldsymbol{0}$，分散共分散行列 $\boldsymbol{Q}$ に従う m 次元の正規白色雑音である．一方，w_t は観測ノイズと呼ばれ，平均 0，分散 σ^2 に従う正規白色雑音とする．$\boldsymbol{F}_t$，$\boldsymbol{G}_t$，$\boldsymbol{H}_t$ はそれぞれ $k \times k$，$k \times m$，$1 \times k$ の行列である．

式 (8.37) が観測モデルに対応し，$\boldsymbol{H}_t = \boldsymbol{x}_t^t = [x_t^0, \ldots, x_t^p]$ とすれば観測モデルが状態空間モデル表現できる．すなわち $\boldsymbol{H}_t$ はデザイン行列を示すことになる．一方で式 (8.41) に示した平滑化事前分布の状態空間表現は，式 (8.43) とすればよい．

$$\underset{\boldsymbol{\beta}_t}{\begin{bmatrix} \beta_{0,t} \\ \beta_{1,t} \\ \vdots \\ \beta_{p,t} \end{bmatrix}} = \underset{\boldsymbol{F}_t}{\begin{bmatrix} 1 & 0 & \cdots & 0 \\ 0 & 1 & \ddots & 0 \\ \vdots & \ddots & \ddots & \vdots \\ 0 & \cdots & 0 & 1 \end{bmatrix}} \underset{\boldsymbol{\beta}_{t-1}}{\begin{bmatrix} \beta_{0,t-1} \\ \beta_{1,t-1} \\ \vdots \\ \beta_{p,t-1} \end{bmatrix}} + \underset{\boldsymbol{G}_t}{\begin{bmatrix} 1 & 0 & \cdots & 0 \\ 0 & 1 & \ddots & 0 \\ \vdots & \ddots & \ddots & \vdots \\ 0 & \cdots & 0 & 1 \end{bmatrix}} \underset{\boldsymbol{v}_t}{\begin{bmatrix} v_t^0 \\ v_t^1 \\ \vdots \\ v_t^p \end{bmatrix}}$$
(8.43)

8.3.2　カルマンフィルタと固定区間平滑化とアルゴリズム

8.3.1 項に基づけば，動的市場反応モデルが状態空間モデルを用いて表現できる．本項では線形・ガウス型状態空間モデルの推定技法である，カルマンフィルタと固定区間平滑化を説明する．

a.　カルマンフィルタと固定区間平滑化

式 (8.42) の状態空間モデルにおける重要問題は，時系列 y_t の観測値に基づく状態 $\boldsymbol{\beta}_t$ の推定である．以下では，観測値セット $\boldsymbol{y}_{1:j} = \{y_1, \ldots, y_j\}$ に基づいて，時刻 t における状態ベクトル $\boldsymbol{\beta}_t$ の推定を行う問題を考える．$j < t$ の場合は観測区間より先の状態を推定する問題になり，予測と呼ぶ．$j = t$ の場合は観測区間の最終時点すなわち現在の状態を推定する問題になり，フィルタリングと呼ぶ．また $j > t$ の場合は現在までの観測値に基づいて過去（現在）の状態を推定する問題になり，平滑化と呼ぶ．

本項では状態空間モデルに関連する 3 つの重要な分布，一期先予測分布，フィルタ分布，平滑化分布を定義する．

$$
\begin{aligned}
&(\text{一期先予測分布}) && p(\boldsymbol{\beta}_t|\boldsymbol{y}_{1:t-1})\\
&(\text{フィルタ分布}) && p(\boldsymbol{\beta}_t|\boldsymbol{y}_{1:t})\\
&(\text{平滑化分布}) && p(\boldsymbol{\beta}_t|\boldsymbol{y}_{1:T})
\end{aligned}
\tag{8.44}
$$

式 (8.44) の定義式から明らかなように，一期先予測分布は時刻 1 から $t-1$ のデータが与えられたもとでの，時刻 t での状態ベクトル $\boldsymbol{\beta}_t$ の分布である．つまり 1 時点前までのデータが与えられたもとでの状態ベクトル $\boldsymbol{\beta}_t$ の分布になる．同様にフィルタ分布は時刻 1 から t，すなわち同時刻までのデータが与えられたもとでの，時刻 t での状態ベクトル $\boldsymbol{\beta}_t$ の分布になる．平滑化の分布は時刻 1 から T のデータ，すなわち全データが与えられたもとでの，時刻 t での状態ベクトル $\boldsymbol{\beta}_t$ の分布である．このように同じ時刻の状態ベクトル $\boldsymbol{\beta}_t$ の分布であったとしても，利用可能なデータの違いによって 3 種類に分類される．この点が状態空間モデルの特徴の 1 つである．線形・ガウス型状態空間モデルの場合，式 (8.44) に示す 3 つのモデルは，8.1.1 項で説明した自然共役性が成立するため，すべて正規分布になる．正規分布であれば，平均ベクトル $\boldsymbol{\beta}_{t|j}$ と分散共分散行列 $\boldsymbol{V}_{t|j}$ がわかれば完全に分布が規定できる．すなわち，一期先予測分布，フィルタ分布，平滑化分布を推定する問題は，平均ベクトルと分散共分散行列を推定する問題に帰着できるのである．以下では式 (8.45) で定義する状態 $\boldsymbol{\beta}_t$ の条件付平均と分散共分散行列を用いて説明する．

$$
\begin{aligned}
\boldsymbol{\beta}_{t|j} &= \mathrm{E}\left[\boldsymbol{\beta}_t|\boldsymbol{y}_{1:j}\right]\\
\boldsymbol{V}_{t|j} &= \mathrm{E}\left[\left(\boldsymbol{\beta}_t-\boldsymbol{\beta}_{t|j}\right)\left(\boldsymbol{\beta}_t-\boldsymbol{\beta}_{t|j}\right)^t|\boldsymbol{y}_{1:j}\right]
\end{aligned}
\tag{8.45}
$$

図 8.11 には，線形・ガウス型状態空間モデルの平均ベクトル $\boldsymbol{\beta}_{t|j}$ の更新の仕組みを模式的に示す．$\boldsymbol{\beta}_{t|j}$ は式 (8.45) に示すように時刻 j までのデータを与えたもとでの時刻 i の平均状態ベクトル ($\boldsymbol{\beta}_{t|j} = E[\boldsymbol{\beta}_t|\boldsymbol{y}_{1:j}]$) を示す．また，太右矢印，太下矢印，太左矢印および細右矢印は一期先予測，フィルタリング，平滑化および多期間予測をそれぞれ示す．図の矢印をたどると，一期先予測，フィルタリング，平滑化の 3 つの処理を組み合わせれば，任意の場所から任意の場所へ移動できる．たとえば，データがまったくない $\boldsymbol{\beta}_{0|0}$ から $\boldsymbol{\beta}_{2|2}$ へは，一期先予測，フィルタリング，一期先予測，フィルタリングという手順で 4 回処理するとたどり着ける．その他の場合も同様に考えられる．

8.3 線形・ガウス型状態空間モデルによる動的市場反応のモデル化

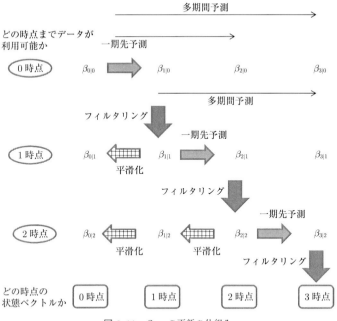

図 8.11 $\boldsymbol{\beta}_{t|j}$ の更新の仕組み

式 (8.42) の線形・ガウス型状態空間モデルの状態推定は，以降に示すように，カルマンフィルタと呼ばれる逐次的な計算アルゴリズムで履行する．

式 (8.46)，式 (8.47) および式 (8.48) には，一期先予測，フィルタリングおよび固定区間平滑化の公式をそれぞれ示す．一期先予測とフィルタリングのセットを通常カルマンフィルタと呼び，$t = 1, 2, \ldots, T$ の順番で処理される．一方で，固定区間平滑化をカルマンスムーザーと呼び，$t = T, T-1, \ldots, 1$ の順番で時間を遡る方向で処理される．

一期先予測

$$\begin{aligned}\boldsymbol{\beta}_{t|t-1} &= \boldsymbol{F}_t \boldsymbol{\beta}_{t-1|t-1} \\ \boldsymbol{V}_{t|t-1} &= \boldsymbol{F}_t \boldsymbol{V}_{t-1|t-1} \boldsymbol{F}_t^t + \boldsymbol{G}_t \boldsymbol{Q} \boldsymbol{G}_t^t\end{aligned} \quad (8.46)$$

フィルタリング

$$\begin{aligned}\boldsymbol{K}_t &= \boldsymbol{V}_{t|t-1} \boldsymbol{H}_t^t \left(\boldsymbol{H}_t \boldsymbol{V}_{t|t-1} \boldsymbol{H}_t^t + R\right)^{-1} \\ \boldsymbol{\beta}_{t|t} &= \boldsymbol{\beta}_{t|t-1} + \boldsymbol{K}_t \left(\boldsymbol{y}_t - \boldsymbol{H}_t \boldsymbol{\beta}_{t|t-1}\right) \\ \boldsymbol{V}_{t|t} &= (\mathrm{I} - \boldsymbol{K}_t \boldsymbol{H}_t) \boldsymbol{V}_{t|t-1}\end{aligned} \quad (8.47)$$

式 (8.47) の $\boldsymbol{K}_t$ は，$\boldsymbol{\beta}_{t|t}$ を求める際に，予測誤差 $\boldsymbol{y}_t - \boldsymbol{H}_t\boldsymbol{\beta}_{t|t-1}$ から得られる情報で $\boldsymbol{\beta}_{t|t-1}$ がどの程度更新されるのかを規定する統計量で，カルマンゲインと呼ばれる．

固定区間平滑化

$$\begin{aligned}
\boldsymbol{A}_t &= \boldsymbol{V}_{t|t}\boldsymbol{F}_{t+1}^t\boldsymbol{V}_{t+1|t}^{-1} \\
\boldsymbol{\beta}_{t|T} &= \boldsymbol{\beta}_{t|t} + \boldsymbol{A}_t\left(\boldsymbol{\beta}_{t+1|T} - \boldsymbol{\beta}_{t+1|t}\right) \\
\boldsymbol{V}_{t|T} &= \boldsymbol{V}_{t|t} + \boldsymbol{A}_t\left(\boldsymbol{V}_{t+1|T} - \boldsymbol{V}_{t+1|t}\right)\boldsymbol{A}_t^t
\end{aligned} \tag{8.48}$$

式 (8.48) の $\boldsymbol{A}_t$ は，後ろ向きのカルマンゲインと考えてもらえればよい．

b. 静的パラメータの推定とアルゴリズム

上記 a には，状態の平均ベクトル $\boldsymbol{\beta}_{t|j}$ と分散共分散行列 $\boldsymbol{V}_{t|j}$ の推定法を示した．式 (8.43) に示したモデルには，$\boldsymbol{\beta}_t$ のほかに静的パラメータであるシステムノイズの分散 $Q = \mathrm{diag}\left(\tau_0^2, \ldots, \tau_p^2\right)$ と σ^2 が含まれる．$\boldsymbol{\theta} = (\tau_0^2, \ldots, \tau_p^2, \sigma^2)$ とすると，$\boldsymbol{\theta}$ は最尤法で推定できる．式 (8.49) が，その際用いる線形・ガウス型状態空間モデルの対数（予測）尤度である．

$$\begin{aligned}
l(\boldsymbol{\theta}) = \log\{p(\boldsymbol{y}_{1:T})\} = -\frac{1}{2}\Bigg\{ & T\log(2\pi) + \sum_{t=1}^{T}\log|\boldsymbol{H}_t\boldsymbol{V}_{t|t-1}\boldsymbol{H}_t^t + R| \\
& + \sum_{t=1}^{T}(y_t - \boldsymbol{H}_t\boldsymbol{\beta}_{t|t-1})^t(\boldsymbol{H}_t\boldsymbol{V}_{t|t-1}\boldsymbol{H}_t^t + R)^{-1}(y_t - \boldsymbol{H}_t\boldsymbol{\beta}_{t|t-1})\Bigg\}
\end{aligned} \tag{8.49}$$

式 (8.49) は，カルマンフィルタで算定される量によって逐次的に構成できる．式中の変数をよく確認してほしい．このように状態空間モデルでは，このように尤度がフィルタリングの副産物として逐次的に構成でき，当該推定アルゴリズムを用いた際の計算上の利点となる．

図 8.12 には，状態空間モデル全体の推定アルゴリズムを示した．重要な点は，ステップ 1 のアルゴリズムを理解することである．$t = 1$ からアルゴリズムを稼働し，(1) 一期先予測 $\longrightarrow$ (2) カルマンフィルタ $\longrightarrow$ 一点尤度構成の手順を $t = 1, \ldots, T$ まで繰り返し，(3) 対数尤度を構成し最尤法を行う．静的なパラメータの候補を固定し，(1) に戻るという手順を収束するまで繰り返し，$\boldsymbol{\theta}$ の最尤推定量 $\widehat{\boldsymbol{\theta}}$ を推定する．それらの処理が終了したのちに，すべての時点の $\boldsymbol{\beta}_{t|t-1}$, $\boldsymbol{V}_{t|t-1}$, $\boldsymbol{\beta}_{t|t}$, $\boldsymbol{V}_{t|t}$ と $\widehat{\boldsymbol{\theta}}$ を与えたもとで，1 度だけ固定区間平滑化（カ

8.3 線形・ガウス型状態空間モデルによる動的市場反応のモデル化

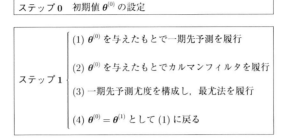

図 8.12 推定アルゴリズム

ステップ 1 を収束するまで繰り返し，最尤推定量 $\widehat{\boldsymbol{\theta}}_{\mathrm{MLE}}$ を求める．

ルマンスムーザー）を実行し，モデルの推定が終了する．このアルゴリズムを誤解する初学者が多い．正確にアルゴリズムを理解してほしい．

8.3.3 動的市場反応の分析事例

本項には，動的市場反応モデルを用いた分析事例を示す．分析に用いたデータは第 3 章で用いたデータと同一であり，データの詳細は 3.2.3 項 a を確認してほしい．

a. モデル

表 8.4 には，以降のモデルで用いる記号を整理した．式 (8.50) には動的市場反応モデル（観測モデル）になる．

表 8.4 動的市場反応モデルで用いる変数

変数	説明
y_t	商品 A の点数 PI の対数
x_t^1	商品 A の価格掛率の対数
x_t^2	商品 B の価格掛率の対数
x_t^3	商品 A の山積み陳列実施の有無（実施 1，非実施 0）
x_t^4	商品 B の山積み陳列実施の有無（実施 1，非実施 0）
$\beta_{0,t},\ldots,\beta_{4,t}$	時変回帰係数
σ^2	観測ノイズの分散
$\tau_0^2,\ldots,\tau_4^2$	システムノイズの分散

$$y_t = x_t^0 \beta_{0,t} + x_t^1 \beta_{1,t} + \cdots + x_t^4 \beta_{4,t} + \varepsilon_t, \qquad \varepsilon_t \sim \mathrm{N}\left(0, \sigma^2\right)$$
$$= \left(x_t^0, x_t^1, x_t^2, x_t^3, x_t^4\right) \left(\beta_{0,t}, \beta_{1,t}, \beta_{2,t}, \beta_{3,t}, \beta_{4,t}\right)^t + \varepsilon_t \qquad (8.50)$$
$$= \boldsymbol{H}_t \boldsymbol{\beta}_t + \varepsilon_t$$

$\beta_{0,t}, \ldots, \beta_{4,t}$ は,平滑化事前分布により式 (8.51) のようにモデル化する.

$$\begin{aligned}
\beta_{0,t} &= \beta_{0,t-1} + v_t^0, & v_t^0 &\sim \mathrm{N}(0, \tau_0^2) \\
\beta_{1,t} &= \beta_{1,t-1} + v_t^1, & v_t^1 &\sim \mathrm{N}(0, \tau_1^2) \\
\beta_{2,t} &= \beta_{2,t-1} + v_t^2, & v_t^2 &\sim \mathrm{N}(0, \tau_2^2) \\
\beta_{3,t} &= \beta_{3,t-1} + v_t^3, & v_t^3 &\sim \mathrm{N}(0, \tau_3^2) \\
\beta_{4,t} &= \beta_{4,t-1} + v_t^4, & v_t^4 &\sim \mathrm{N}(0, \tau_4^2)
\end{aligned} \qquad (8.51)$$

式 (8.51) をベクトル表現すれば,式 (8.52) が得られる.

$$\underset{\boldsymbol{\beta}_t}{\begin{bmatrix} \beta_{0,t} \\ \beta_{1,t} \\ \vdots \\ \beta_{4,t} \end{bmatrix}} = \underset{\boldsymbol{F}_t}{\begin{bmatrix} 1 & 0 & 0 & 0 \\ 0 & 1 & 0 & 0 \\ 0 & 0 & 1 & 0 \\ 0 & 0 & 0 & 1 \end{bmatrix}} \underset{\boldsymbol{\beta}_{t-1}}{\begin{bmatrix} \beta_{0,t-1} \\ \beta_{1,t-1} \\ \vdots \\ \beta_{4,t-1} \end{bmatrix}} + \underset{\boldsymbol{G}_t}{\begin{bmatrix} 1 & 0 & 0 & 0 \\ 0 & 1 & 0 & 0 \\ 0 & 0 & 1 & 0 \\ 0 & 0 & 0 & 1 \end{bmatrix}} \underset{\boldsymbol{v}_t}{\begin{bmatrix} v_t^0 \\ v_t^1 \\ \vdots \\ v_t^4 \end{bmatrix}}$$
$$(8.52)$$

式 (8.50) を観測モデル,式 (8.52) をシステムモデルと考えれば,動的市場反応モデルの状態空間モデル表現が得られる.

b. モデル推定結果

以降には,モデルの推定結果を示す.はじめにモデル比較結果を示す.モデル比較では,a に示したモデル(モデル 1)のほかに,モデル 1 から商品 B の価格掛率の対数と山積み陳列実施の有無変数を除いたモデル(モデル 2),モデル 1 から商品 B の山積み陳列実施の有無変数を除いたモデル(モデル 3)およびモデル 1 から商品 B の価格掛率の対数を除いたモデル(モデル 4)の 4 つのモデルを仮定し,モデル比較を実施した.表 8.5 には,上記 4 つのモデルの最大対数尤度 $l\left(\hat{\boldsymbol{\theta}}\right)$ と AIC の算定結果を示す.AIC によれば,モデル 3 が選択される.以降は,モデル 3 の推定結果に基づき説明する.

表 8.6 には,モデル 3 の静的パラメータ(観測ノイズの分散 σ^2 とシステムノイズの分散 $\tau_0^2, \tau_1^2, \tau_2^2, \tau_3^2$)の推定結果を示した.なお,本モデルにおける静

8.3 線形・ガウス型状態空間モデルによる動的市場反応のモデル化

表 8.5 最大対数尤度と AIC

モデル	$l(\hat{\boldsymbol{\theta}})$	AIC	静的パラメータ数
モデル 1	-41.32	94.65	6
モデル 2	-77.77	163.54	4
モデル 3	-31.81	73.62	5
モデル 4	-56.75	123.49	5

表 8.6 モデル 3 の静的パラメータ推定結果

静的パラメータ	推定量	log（推定量）	標準誤差
σ^2	0.3237	-1.1279	0.0425
τ_0^2	0.0007	-7.1975	0.6865
τ_1^2	0.0934	-2.3709	0.5002
τ_2^2	0.0017	-6.3827	1.1298
τ_3^2	0.0006	-7.3910	1.3401

的パラメータはすべて分散であり，理論上負になることはあり得ない．そのため，2 章の［発展］に示すように対数変換した上で最尤法を実施している．表中の log（推定量）はその意味の結果を示しており，標準誤差も対数変換したパラメータ空間での値である．いずれも有意に推定されている．

図 8.13 には，モデル 3 の時変係数の平滑化推定量を示す．各図に示す横線は，3.2.3 項の静的市場反応モデルの対応する変数の回帰係数の推定結果を意味する．静的回帰係数は，時変係数の一部分に対応する推定結果になっている．具体的にいえば，定数項（トレンド）β_0 は $\beta_{0,t}$ の前半部分に，商品 A の価格掛率の対数の反応係数（価格弾力性）β_1 は $\beta_{1,t}$ の後半部分に，商品 B の価格掛率の対数の反応係数（交差価格弾力性）β_2 は $\beta_{2,t}$ の前半部分に，商品 A の山積み陳列実施の有無の反応係数 β_3 は $\beta_{3,t}$ の後半部分に対応する推定結果である．動的市場反応モデルは，このように静的市場反応モデルでは表現できない市場反応の動的市場反応を表現できる点が利点の 1 つである．

もう少し時変係数の推定結果を議論する．$\beta_{0,t}$ はプロモーションによらない商品力を示す．図 8.13 の左上に示すように，$\beta_{0,t}$ は低下傾向である．また，価格弾力性 $\beta_{1,t}$ や交差価格弾力性 $\beta_{2,t}$ は，絶対値の意味で前半期間より後半期間のレベルが低下している．特に $\beta_{1,t}$ が絶対値の意味で小さくなるのは，値引の効果が低下していることを示しており，自身が値引しても売上が上がりにくい状況を示唆する．一方で，山積み陳列実施の有無の効果を示す $\beta_{3,t}$ は上昇傾

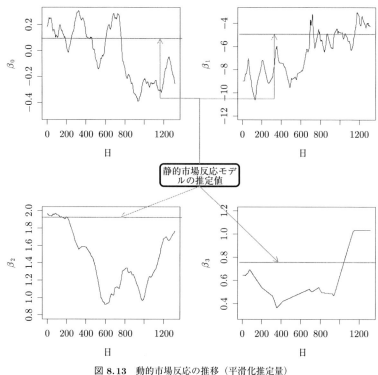

図 8.13 動的市場反応の推移（平滑化推定量）

向にある．これは，逆に考えれば定番の売場で販売している限り，あまり売れず，山積み陳列したときにだけよく売れる傾向を反映している．以上の結果を踏まえると，分析対象とした商品の状況は，あまりよい状態にあるとはいえない．これらは，状態空間モデルを用いたからできる検証であり，マーケティング分析で動的市場反応モデルを用いることの利点といえる．

8.3.4　線形・ガウス型状態空間モデルの応用

本分析例で示したように状態空間モデルを用いれば，時点ごとの反応係数を推定できる．時点ごとの反応係数が推定できれば，時々刻々意思決定をしなければならない企業の動的意思決定を高度化できる．状態空間モデルの実務レベルでの活用は発展段階にあるが，その適用範囲はきわめて広い．

■まとめと文献紹介

　本章では，マーケティング分野で脚光を浴びるベイジアンモデリングの2つの技法（階層ベイズモデルと状態空間モデル）をそれぞれ紹介し，代表的なモデリングおよび分析事例を提示した．本書で紹介したのは，ベイジアンモデリングのなかでも基本的なものである．ベイジアンモデリングは，きわめて柔軟性が高く，消費者の行動のように観測される変数だけで現象の生起メカニズムが説明できないような分野のモデリングでは，力を発揮する．種々細かい点は，統計的知識が必要な部分があるが（そこが初学者にとっては難しく感じてしまう点である），その点を理解できてしまえばその拡張性は高い．ぜひ，理解を深めてほしい．

　ベイジアンモデリング全般の考え方は樋口 (2011) が参考になる．マーケティング分野での階層ベイズモデルの技術的詳細，活用事例は，照井 (2008, 2010) が参考になる．マーケティング以外では，久保 (2012) が参考になるはずである．またもう一方の状態空間モデルの技術的詳細は，樋口 (2011)，北川 (2005) を参照されたい．さらにマーケティング分野に限定すると，佐藤・樋口 (2013) が参考にできる．また，Rを使用した動的線形モデル（状態空間モデル）の参考書であるが，ペトリスほか (2013) も参考にできる部分が多い．

[発展] 　一般状態空間モデルと状態推定法

　8.3節では，線形・ガウス型状態空間モデルを用いた動的市場反応モデルを紹介した．ここでは，線形・ガウス型状態空間モデルを一般化したと解釈できる，一般状態空間モデルを説明し，そのモデルの状態推定法の概要を紹介する．
　y_t を l 次元の時系列，β_t を k 次元状態ベクトルとする．このとき時系列を表現する式 (8.53) に示すモデルを一般状態空間モデル（General State Space Model）と呼ぶ．

$$\begin{aligned}(観測モデル) \quad & y_t \sim p(y_t|\beta_t) \\ (システムモデル) \quad & \beta_t \sim p(\beta_t|\beta_{t-1})\end{aligned} \quad (8.53)$$

ただし，$p(y_t|\beta_t)$ は β_t を与えた場合の y_t の条件付分布を，$p(\beta_t|\beta_{t-1})$ は β_{t-1} を与えた場合の β_t の条件付分布を示し，8.3節のように正規性や線形性の仮定は必ずしも必要とされない．すなわち，一般状態空間モデルは，非線形時系列や離散時系列など，さまざまな時系列データの統一的モデリングを可能にするモデリング技術であり，今日，さまざまな分野で活用の進む統計技術の1つである．当然，線形・ガウス型状態空間モデルも含まれることになる．

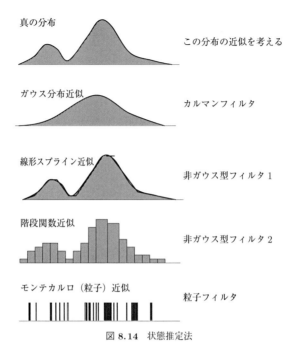

図 8.14 状態推定法

　状態空間モデルにおける重要な問題は，8.3.2 項でも説明したが式 (8.54) に示す状態に関する 3 つの分布を推定することである．これは線形・ガウス型状態空間モデルであろうと一般状態空間モデルであろうと変わらない．

$$\begin{array}{ll}(\text{一期先予測分布}) & p(\boldsymbol{\beta}_t | \boldsymbol{y}_{1:t-1}) \\ (\text{フィルタ分布}) & p(\boldsymbol{\beta}_t | \boldsymbol{y}_{1:t}) \\ (\text{平滑化分布}) & p(\boldsymbol{\beta}_t | \boldsymbol{y}_{1:T})\end{array} \quad (8.54)$$

線形・ガウス型状態空間モデルの場合，共役性から式 (8.54) の分布はすべて正規分布になるため，平均ベクトルと分散共分散行列だけを更新すれば，3 つの分布を規定できた．しかし，一般状態空間モデルの場合は 3 つの分布が必ずしも正規分布になるわけではなく，もう少しいえばそうならないことが一般的である．この場合，平均ベクトルや分散共分散行列のみではなく，分布全体を評価しなければならない．図 8.14 には，代表的な状態推定法を模式的に示した．図中，最上段に示す 2 峰の分布が推定しなければならない状態の真の分布だと考え，以降の説明を読み進めてほしい．

　状態の分布が図のように非ガウス型分布になる場合，カルマンフィルタのように正規分布で近似すると分布の近似が非常に悪くなる．それは図 8.14 を見

てもらえれば，容易にイメージしてもらえるはずである．近似の精度を高める意味では，分布関数を線形スプライン近似や階段関数近似などを用いて近似表現し，積分計算は数値積分による非ガウス型フィルタを用いることが考えられる．このアプローチは状態ベクトルの次元が低い場合，ほぼ正確に分布を再現できる．その意味では，有効な状態推定法の1つである．しかし，状態ベクトルの次元が高い（5次元以上）と現在の計算技術を用いたとしても正確な計算はほぼできない．すなわち，その活用範囲には限界があり，実際には離散状態状態空間モデルのようなモデル族に限定されている．**粒子フィルタ**は，粒子と呼ぶ，状態ベクトルの実現値で構成される経験分布で事後分布を近似するアプローチである．非線形・非ガウス型の状態空間モデルの状態推定は，昨今，粒子フィルタを用いることが多い．ただし，粒子フィルタは，MCMC法と同様にサンプリングベースのアプローチ（その方法は異なる）であるため，計算負荷が高い．そのため，その活用においては今日的高度統計計算技法を用いることが必要になる．

　本書では，紙幅の都合上これ以上状態推定法を説明しないが，興味のある読者は樋口 (2011) や佐藤・樋口 (2013) を一読してほしい．

Appendix A
確率分布に関する基本事項の整理

付録では，離散型分布と連続型分布に分け，本論中では紹介しきれなかった事項を簡単に整理する．本論のモデルの理解の助けになると考えられるため，必要に応じてぜひ読んでみてほしい．確率分布に対してより深く理解したい読者は，蓑谷 (2003) などの専門書を参照してほしい．

A.1 確率分布（離散型分布の場合）

A.1.1 離散型確率分布の定義

離散型確率変数 Y がとる値の集合を $\{y_1, \ldots, y_i, \ldots\}$ とする．離散型確率変数は，有限数であるかたかだか可算個の集合になる．このとき，$Y = y_i$ の発生確率を式 (A.1) で与えることで，離散型確率分布が定義される．

$$\Pr(Y = y_1) = p_1$$
$$\Pr(Y = y_2) = p_2$$
$$\vdots$$
$$\Pr(Y = y_i) = p_i \quad (\text{A.1})$$
$$\vdots$$

ただし，$\Pr(Y = y_i) = p_i$ は $p_i \geq 0, \sum_i p_i = 1$ を満たす．通常，$\Pr(Y = y_i)$ を確率関数（確率質量関数）と呼ぶ．離散型確率分布は，二項分布，多項分布，ポアソン分布などを代表的な分布として含む．

A.1.2 二項分布

二項分布を説明するために，コイン投げの問題を考える．表が出る確率が p

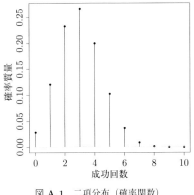
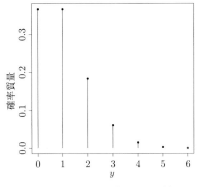

図 A.1 二項分布（確率関数）　　　　図 A.2 ポアソン分布（確率関数）
試行回数 10，成功確率 0.5．　　　　　平均 1．

のコインがあり，そのコインを n 回投げて表が出る回数を記録した確率変数を Y とする．この場合，Y がとりうる値の範囲は $0 \leq k \leq n$ となる．式 (A.2) は，コインの表の出る回数の分布を示す離散確率分布であり，二項分布と呼ばれ，通常 $\mathrm{B}(n,p)$ と表記する．

$$\Pr(Y = k) = \begin{pmatrix} n \\ k \end{pmatrix} p^k (1-p)^{n-k} \tag{A.2}$$

特に試行回数 n が 1 の二項分布をベルヌーイ分布と呼び，$\mathrm{B}(1,p)$ と表記する．図 A.1 には，成功確率 $p = 0.5$ の二項分布を示す．

A.1.3　多項分布

多項分布を説明するために，壺の中からのボールの取り出し問題を考える．壺の中に赤色，青色，黄色のボールがそれぞれ p_1, p_2, p_3 の比率で混ざっていると仮定する（$p_1 + p_2 + p_3 = 1$）．この壺からボールを取り出して，色を確認したら壺に戻す試行（復元抽出）を n 回繰り返す．このとき，赤色，青色，黄色が y_1, y_2, y_3 回ずつ（$y_1 + y_2 + y_3 = n$）観測される確率 $\Pr(Y_1 = y_1, Y_2 = y_2, Y_3 = y_3)$ は，式 (A.3) のように定式化できる．

$$\Pr(Y_1 = y_1, Y_2 = y_2, Y_3 = y_3) = \frac{n!}{y_1! y_2! y_2!} p_1^{y_1} p_2^{y_2} p_3^{y_3} \tag{A.3}$$

一般に標本空間（ある試行で起こりうるすべての結果の集合のこと）が k ($k \geq 2$)

種類の事象に分割されていると仮定する．また，各事象が生じる確率を $p_1, \ldots, p_k$ ($p_1 + \cdots + p_k = 1$) と，独立な試行を n 回実施して得られた各事象の発生回数を $x_1, \ldots, x_k$ ($x_1 + \cdots + x_k = n$) と示すことにすると，多項分布は式 (A.3) を拡張して，式 (A.4) で定義される．

$$\Pr(Y_1 = y_1, \ldots, Y_k = y_k) = \frac{n!}{y_1! \cdots y_k!} p_1^{y_1} \cdots p_k^{y_k}$$
$$= \frac{n!}{\prod_{i=1}^k} \prod_{i=1}^k p_i^{y_i} \tag{A.4}$$

A.1.2 項に示した二項分布は，$k = 2$ の場合の多項分布にほかならない．

A.1.4　ポアソン分布

確率変数 Y は，販売個数（3.3 節参照）や交通事故件数のような何らかの事象の発生回数（カウントデータ）を示す確率変数とする．この場合，Y は正の整数値を定義域とする確率変数である．このようなカウントデータを表現する確率分布としてポアソン分布があり，その確率関数は式 (A.5) で定義できる．

$$\Pr(Y = k) = \frac{\lambda^k}{k!} \exp(-\lambda) \tag{A.5}$$

λ はポアソン分布の平均と分散を示すパラメータである．図 A.2 には，$\lambda = 1$ のポアソン分布を示す．

A.2　確率分布（連続型分布の場合）

A.2.1　連続型確率分布の定義

連続型確率変数は，離散型確率変数とは異なり，連続的なある範囲全体をとりうる値とする確率変数である．式 (A.6) を満たす関数 $f(y)$ を **確率密度関数** と呼ぶ．

$$\Pr(a \leq Y \leq b) = \int_a^b f(y)\, dy \tag{A.6}$$

一般に確率密度関数は，式 (A.7) を満たす．この条件は，A.1 節で説明した離散型確率分布と同じ意味をもつ点に気づいてほしい．

A.2 確率分布（連続型分布の場合）

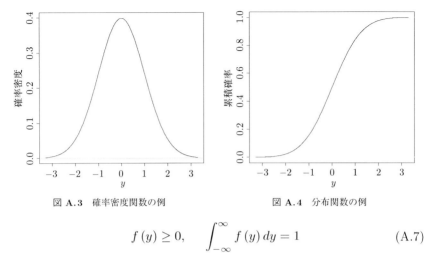

図 A.3 確率密度関数の例　　　　　図 A.4 分布関数の例

$$f(y) \geq 0, \quad \int_{-\infty}^{\infty} f(y)\,dy = 1 \tag{A.7}$$

式 (A.8) には，連続型確率変数 Y の分布関数の定義を示す．

$$\mathrm{F}(y) = \Pr(Y \leq y) = \int_{-\infty}^{y} f(y)\,dy \tag{A.8}$$

$\mathrm{F}(y)$ が連続関数であり，区分的に微分可能であれば，分布関数と確率密度関数の間に，式 (A.9) が成立する．

$$f(y) = \mathrm{F}'(y) = \frac{d}{dy}\mathrm{F}(y) \tag{A.9}$$

すなわち，確率密度関数を積分すれば分布関数が得られ，逆に分布関数を微分すれば確率密度関数が得られる．図 A.3 には確率密度関数の例を，図 A.4 には分布関数の例をそれぞれ示した．図 A.3 を積分すれば図 A.4 が得られ，図 A.4 を微分すれば図 A.3 が得られるのである．連続型確率変数において，この関係性は基本的な重要事項である．よく理解してほしい．

最後に分布関数の重要な 3 つの性質を下記に示す．図 A.4 を参照し，そのイメージを的確にとらえてほしい．

- $y_1 \leq y_2$ ならば $\mathrm{F}(y_1) \leq \mathrm{F}(y_2)$ を満たす（単調増加性）
- $\lim_{y \to -\infty} \mathrm{F}(y) = 0, \quad \lim_{y \to \infty} \mathrm{F}(y) = 1$
- $\lim_{\varepsilon \to +0} \mathrm{F}(y + \varepsilon) = \mathrm{F}(y)$（右連続）

A.2.2 一様分布

区間 $[a, b]$ のどの点も同等な確からしさで分布する確率変数 Y を表現するための分布として，**一様分布**があり，式 (A.10) がその確率密度関数になる．図 A.5 には，区間 $[0, 1]$ の一様分布を示す．

$$f(y) = \begin{cases} \dfrac{1}{b-a}, & a \leq Y \leq b \\ 0, & その他 \end{cases} \tag{A.10}$$

A.2.3 正規分布（1変量の場合）

確率変数 Y が平均 μ，分散 σ^2 の正規分布に従う場合，その確率密度関数は式 (A.11) で定義され，$N(\mu, \sigma^2)$ と表記する．

$$f(y) = \frac{1}{\sqrt{2\pi\sigma^2}} \exp\left(-\frac{(y-\mu)^2}{2\sigma^2}\right) \tag{A.11}$$

特に，$\mu = 0$，$\sigma^2 = 1$ の正規分布 ($N(0, 1)$) を**標準正規分布**と呼び，式 (A.12) と表現できる．

$$f(y) = \frac{1}{\sqrt{2\pi}} \exp\left(-\frac{y^2}{2}\right) \tag{A.12}$$

図 A.6 には，標準正規分布を図示した．正規分布は，連続型確率変数をモデル化する際に最も仮定されることの多い確率分布であり，その適用範囲は広い．非常に重要な分布であるため，十分に理解を深めてほしい．

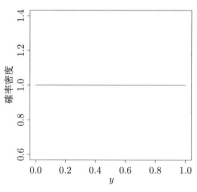

図 **A.5** 一様分布（確率密度関数）
最小値 0，最大値 1．

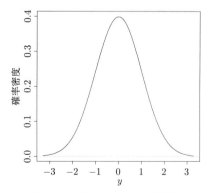

図 **A.6** 正規分布（確率密度関数）
平均 0，標準偏差 1．

A.2.4 指数分布

確率変数 Y は，生存期間（5.3.4 項参照）やランダム到着待ち時間のような正の範囲をとるとする．このようなデータを表現する確率分布として指数分布があり，その確率密度関数は式 (A.13) で定義できる．

$$f(y) = \theta \exp(-\theta y), \quad y \geq 0, \ \theta > 0 \tag{A.13}$$

平均，分散は，$\mathrm{E}(Y) = \dfrac{1}{\theta}, \mathrm{Var}(Y) = \dfrac{1}{\theta^2}$ となる．図 A.7 には，指数分布 ($\theta = 1$) を図示した．

指数分布では，$\Pr(Y \geq m + n | Y \geq m) = \Pr(Y \geq n)$ という性質が成り立つ．一般にこの性質を**無記憶性**と呼び，連続型分布では指数分布だけが有する性質である．この性質は，間隔 m までに事象が発生しなかったという条件のもとで，その後間隔 n でも事象が発生しない確率は，単に間隔 n で事象が発生しない確率に等しいということを示す．つまりこの性質のもとでは，過去期間に事象が発生しなかったことは，これから将来期間で事象が発生しないことに影響しないことになる．その意味で無記憶性と呼ばれるのである．指数分布を用いたモデル化では，この無記憶性の性質が，実際の現象表現として適切ではないことが多く，注意しなければならないため，ここで紹介した．指数分布を用いたモデル化では，この点に十分に留意してほしい．

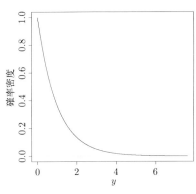

図 **A.7** 指数分布（確率密度関数）
比率 1．

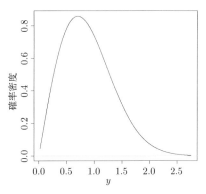

図 **A.8** ワイブル分布（確率密度関数）
形状 2，尺度 1．

A.2.5 ワイブル分布

確率変数 Y は,生存期間(5.3.4 項参照)のような正の範囲をとるものと仮定する.このようなデータを表現する確率分布として指数分布と同様にワイブル分布があり,その確率密度関数は式 (A.14) で定義できる.

$$f(y_i) = \frac{\lambda y_i^{\lambda-1}}{\theta^\lambda} \exp\left[-\left(\frac{y_i}{\theta}\right)^\lambda\right], \quad y_i \geq 0, \quad \lambda > 0, \quad \theta > 0 \quad (A.14)$$

λ, θ はそれぞれ分布の形状パラメータと尺度パラメータを示す.図 A.8 には,ワイブル分布 ($\lambda = 2, \theta = 1$) を図示した.

A.2.6 対数正規分布

正の実数を定義域とする確率変数 Y を対数変換した確率変数 $X = \log(Y)$ が,正規分布(A.2.3 項参照)に従うとき,確率変数 Y は対数正規分布に従うことになる.式 (A.15) は対数正規分布の確率密度関数を示し,通常 $LN(\mu, \sigma^2)$ と表記する.

$$f(y) = \frac{1}{\sqrt{2\pi}y\sigma} \exp\left[-\frac{1}{2\sigma^2}\Big(\log(y) - \mu\Big)^2\right] \quad (A.15)$$

μ, σ は平均および標準偏差を示す.図 A.9 には,対数正規分布を図示した.

A.2.7 対数ロジスティック分布

正の実数を定義域とする確率変数 Y を対数変換した確率変数 $X = \log(Y)$

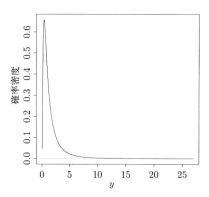

図 A.9 対数正規分布(確率密度関数)
μ(対数スケール) $= 0$, σ(対数スケール) $= 1$.

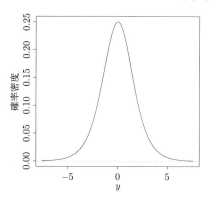

図 A.10 ロジスティック分布(確率密度関数)
位置パラメータ 0,形状パラメータ 1.

が，ロジスティック分布に従うとき，確率変数 Y は対数ロジスティック分布に従うことになる．式 (A.16) は対数ロジスティック分布の確率密度関数を示す．

$$f(y) = \frac{\lambda^{\frac{1}{\gamma}} y^{\frac{1}{\gamma}-1}}{\left\{\gamma\left[1+(\lambda y)^{\frac{1}{\gamma}}\right]\right\}^2} \quad \text{(A.16)}$$

λ，γ は位置パラメータおよび形状パラメータをそれぞれ示す．図 A.10 には，ロジスティック分布（対数ロジスティックではない！）を図示した．

A.2.8 多変量正規分布

個々に実数領域を定義域にする確率変数 $Y_1,\ldots,Y_p$ の確率変数ベクトル $\boldsymbol{Y}$ の分布を考える．$\boldsymbol{y}$ はその実現値を示す．このような多変量データを表現する確率分布として，多変量正規分布があり，その確率密度関数は式 (A.17) で定義できる．一般に $\mathrm{MVN}(\boldsymbol{\mu},\Sigma)$ と標記する．

$$f(\boldsymbol{y}) = (2\pi)^{-\frac{p}{2}} |\Sigma|^{-\frac{1}{2}} \exp\left[-\frac{1}{2}(\boldsymbol{Y}-\boldsymbol{\mu})^t \Sigma^{-1}(\boldsymbol{Y}-\boldsymbol{\mu})\right] \quad \text{(A.17)}$$

$\boldsymbol{\mu}$，Σ は平均ベクトルと分散共分散行列をそれぞれ示す．図 A.11 には，$\boldsymbol{\mu}=\boldsymbol{0}$，$\Sigma=\mathrm{diag}(1,1)$ と設定した 2 変量正規分布（相関無）を図示した．また，図 A.12 には，図 A.11 と同様に $\boldsymbol{\mu}=\boldsymbol{0}$ とし，Σ の対角成分には 1（この設定も図 A.11 と同様），非対角成分を 0.7 と設定した 2 変量正規分布（相関=0.7）を図示した．その形状の違いを確認してほしい．

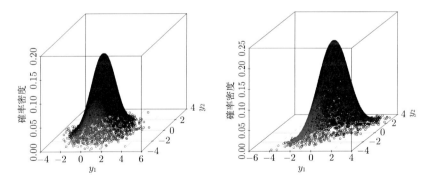

図 **A.11** 2 変量正規分布（相関なし，確率密度関数）　図 **A.12** 2 変量正規分布（相関 0.7，確率密度関数）

A.2.9　ウィシャート分布

確率変数ベクトル $Y_1, \ldots, Y_n$ は，互いに独立でそれぞれ p 変量正規分布 $\mathrm{MVN}(\boldsymbol{\mu}, \Sigma)$ に従うと仮定する．式 (A.18) に示す $p \times p$ 行列は，式 (A.19) に示すウィシャート分布に従う．通常，$\mathrm{W}(\Sigma, p, n)$ と表記する．

$$\boldsymbol{A} = \sum_{i=1}^{n} \boldsymbol{Y}_i \boldsymbol{Y}_i^t \tag{A.18}$$

$$f(\boldsymbol{A}) = \frac{|\boldsymbol{A}|^{\frac{1}{2}(n-p-1)} \exp\left(-\frac{1}{2}\mathrm{tr}\Sigma^{-1}\boldsymbol{A}\right)}{2^{\frac{pn}{2}} |\Sigma|^{\frac{n}{2}} \prod_{i=1}^{p} \Gamma\left(\frac{n-i+1}{2}\right)} \tag{A.19}$$

ウィシャート分布が，通常の解析で単独で用いられることは少ない．一般には，第 8 章で説明した，ベイズモデルにおける分散共分散行列の共役事前分布で用いられることが多い．理論式（式 (A.19)）は複雑であるが，上述のようにベイズモデルではきわめて重要な役割を担う確率分布であるため，ここであえて紹介した．

文　　献

阿部 誠，近藤文代 (2005)，『マーケティングの科学――POS データの解析 (シリーズ・予測と発見の科学)』，朝倉書店
片平秀貴 (1987)，『マーケティング・サイエンス』，東京大学出版会
金谷健一 (2005)，『これなら分かる最適化数学――基礎原理から計算手法まで』，共立出版
北川源四郎 (2005)，『時系列解析入門』，岩波書店
久保拓弥 (2012)，『データ解析のための統計モデリング入門――一般化線形モデル・階層ベイズモデル・MCMC (確率と情報の科学)』，岩波書店
佐藤忠彦，樋口知之 (2013)，『ビッグデータ時代のマーケティング――ベイジアンモデリングの活用 (KS 社会科学専門書)』，講談社
里村卓也 (2010)，『マーケティング・モデル (R で学ぶデータサイエンス 13)』，共立出版
里村卓也 (2014)，『マーケティング・データ分析の基礎 (シリーズ Useful R 3)』，共立出版
G. ペトリス，S. ペトローネ，P. カンパニョーリ 著，和合 肇 監訳，萩原淳一郎 翻訳 (2013)，『R によるベイジアン動的線型モデル (統計ライブラリー)』，朝倉書店
J.P. クライン，M.L. メシュベルガー 著，打波 守 翻訳 (2012)，『生存時間分析』，丸善
杉本徹雄 編著，竹村和久，棚橋菊夫，秋山 学，杉谷陽子，前田洋光，永野光朗，牧野圭子 著 (2012)，『新・消費者理解のための心理学』，福村書店
丹後俊郎，山岡和枝，高木晴良 (2013)，『新版 ロジスティック回帰分析――SAS を利用した統計解析の実際 (統計ライブラリー)』，朝倉書店
照井伸彦 (2008)，『ベイズモデリングによるマーケティング分析』，東京電機大学出版局
照井伸彦 (2010)，『R によるベイズ統計分析 (シリーズ 統計科学のプラクティス)』，朝倉書店
照井伸彦，伴 正隆，ウィラワン・ドニ・ダハナ (2009)，『マーケティングの統計分析 (シリーズ 統計科学のプラクティス)』，朝倉書店

照井伸彦，佐藤忠彦 (2013)，『現代マーケティング・リサーチ――市場を読み解くデータ分析』，有斐閣

土木学会土木計画学研究委員会 (1996)，『非集計行動モデルの理論と実際』，土木学会

豊田秀樹 (1998)，『共分散構造分析 入門編――構造方程式モデリング (統計ライブラリー)』，朝倉書店

豊田秀樹 編著 (2012)，『共分散構造分析 数理編――構造方程式モデリング (統計ライブラリー)』，朝倉書店

中村 剛 (2001a)，『Cox 比例ハザードモデル (医学統計学シリーズ)』，朝倉書店

中村 博 (2001b)，『新製品のマーケティング』，中央経済社

古川一郎，守口 剛，阿部 誠 (2011)，『マーケティング・サイエンス入門――市場対応の科学的マネジメント 新版 (有斐閣アルマ)』，有斐閣

樋口知之 (2011)，『予測にいかす統計モデリングの基本――ベイズ統計入門から応用まで (KS 理工学専門書)』，講談社

蓑谷千凰彦 (2003)，『統計分布ハンドブック』，朝倉書店

蓑谷千凰彦 (2004)，『統計学入門』，東京図書

索　　引

AGFI　112
AIC　22
　　――の補正　39

BIC　22
Box-Cox 変換　39
burn-in サンプル　146

Cox 比例ハザードモデル　64, 78

DAG　142
DIC　145

EM アルゴリズム　89, 98
E（Expectation）ステップ　99

GFI　112

HPD（High Probability Density）リージョン　147

ID 付 POS データ　5, 8
IIA 特性　46

MCMC 法　128, 131, 134
M-H 法　134, 137
M（Maximization）ステップ　99

NP 困難　131

POS データ　5, 8

RMSEA　112, 113
SCMH 法　139
SD 尺度　106

Web ログデータ　5, 8

ア　行

アクセス可能性　83
ア・プリオリ・セグメンテーション　84
アルゴリズムベース　5
アンケートデータ　5, 8

意思決定メカニズム　41, 43
1 次データ　4, 8
一様分布　168
一期先予測　155
一期先予測分布　153
一致性　137
一般状態空間モデル　161
因果関係　106
因子負荷量　108, 121
因子分析　85
因子分析モデル　107, 108

ウィシャート分布　134, 172
打ち切り　60
打ち切りデータ　63
右辺片対数型モデル　26

閲覧履歴データ　9

エルゴード性　135
演繹推論　15

オッズ　56
オッズ比　56
オフセット　34
親ノード　143
卸売業　2

カ　行

回帰直線　28
外生的潜在変数　110
外生変数　17
階層ベイズロジットモデル　132
階層モデル　128, 133
階段関数近似　163
カウントデータ　32, 166
価格弾力性　26, 55
確認的因子分析モデル　108
確率関数　86
確率的成分　43
確率的制約　151
確率分布　18
確率変数　18
確率密度関数　86, 166
下限変換　23
仮説検証型アプローチ　106
加速故障モデル　66, 67
価値表現機能　103
カテゴリ拡張　62
カテゴリ購買選択　41
カプラン-マイヤー推定量　75
カルマンゲイン　156
カルマンスムーザー　155
カルマンフィルタ　149, 153
間隔尺度　11
頑健性　83
観察データ　8
感情的成分　101
関数行列式　27
完全データ　98

観測モデル　132, 150, 152
ガンベル分布　44
ガンマ分布　129

擬似 t-値　147
記述能力　125
基準化定数　127
基準変数　82
帰納推論　15
ギブズサンプラー　133, 141
ギブズ法　139
逆ウィシャート分布　129
逆下限変換　23
逆ガンマ分布　129
逆上下限変換　23
逆上限変換　23
逆対数オッズ変換　23
供給サイド　2
共通因子　110
共分散構造モデル　106

クラスター分析　85
クラスタリング・セグメンテーション　84
クロス集計表　17
クロネッカー積　134
クロンバックの α-信頼性係数　110

経験　14
経験生存関数　75
経験分布　163
経験ベイズ法　128, 150
けちの原理　126
欠損データ　98
決定係数　38
元　9

交差価格弾力性　26
構成概念　106
構造方程式モデル　106, 108
行動　102
行動的成分　101
購買意思決定　101

購買行動　43
購買後評価　101
購買履歴データ　9
項目別カテゴリ尺度　104
効用関数　43, 132
効用最大化理論　43
効用の確定項　43
小売業　2
合理的選択行動　44
顧客関係性マネジメント　129
個体間モデル　133
個体内モデル　132
固定区間平滑化　149, 153, 156
子ノード　143

サ　行

最小二乗法　28
最大対数尤度　22
採択確率　137
最頻値（モード）　11
最尤推定量　20
最尤法　19, 20
左辺対数型モデル　26
残差二乗和　28
散布図　17
サンプルサイズ　113

時間的異質性　129
識別性　83, 110
事後分布　126
自己防衛機能　103
市場　2
　　──のコモディティ化　61
　　──の成熟化　60
市場反応　24
市場反応分析　24, 25
市場反応モデル　24
指数分布　66, 68, 169
システムモデル　151, 152
自然共役事前分布　129
自然共役事前分布族　129

事前分布　126, 134
実験データ　5, 8
質的データ　16
時変係数モデル　151
収益性　83
自由度　113
主成分分析　85
需要サイド　2
順序尺度　11, 104
上下限変換　23
上限変換　23
状態　153
状態推定法　161
消費者　2
消費者異質性　129
消費者行動理論　7
少品種大量生産・販売　60
情報探索　101
情報量規準　21
シンジケートデータ　5
新商品のタイプ　62
新ブランド　62
心理学的構成概念　101

数式　14
数値的最適化　20
数理モデル　14
ステーペル尺度　106

正規分布　19, 129
　　1 変量の──　168
生存関数　64
生存期間データ　63
生存期間分析　63
生存期間モデル　60
積分ハザード関数　65
セグメンテーション　80, 81
セグメンテーションマーケティング　80
セグメント　81
　　──への割りつけ　89
説明変数　17
セミパラメトリックモデル　64, 79

線形　17
線形回帰モデル　25
線形・ガウス型状態空間モデル　149, 152
線形スプライン近似　163
線形モデル　26
潜在クラス・セグメンテーション　84
潜在クラスポアソン回帰モデル　87
　　——の推定　88
潜在クラスモデル　86
選択確率比の文脈独立　46
選択行動　41
選択肢評価　101

相　9
相対効用　58
相対ハザード　67
測定尺度　11
測定方程式モデル　106

タ　行

対称分布　138
対数オッズ変換　23
対数正規分布　66, 71, 170
大数の法則　137
対数（予測）尤度　156
対数尤度関数　20
対数ロジスティック型ハザード関数の時間
　　依存性　70
対数ロジスティック分布　66, 69, 170
態度　8, 100, 102
　　——尺度　104
　　——の測定　103
多項プロビットモデル　58
多項分布　19, 165
多項目尺度　103, 104, 106
多項ロジットモデル　46
多重積分　135
多品種少量生産・販売　60
多変量正規分布　45, 133, 171
単項目尺度　103, 104
探索行動　43

探索的因子分析モデル　108
探索的なデータ分析　16
単調増加性　167
弾力性　26

知覚情報品質　122
知覚品質　12
知識　14
知識機能　103
中央値（メディアン）　11
調整機能　102
超パラメータ　127
チラシ　25

定和尺度　104
データ駆動のアプローチ　151
データの分布　126
データマイニング　5, 6
テレビCM　1, 25
天井効果　114
点推定　20
テンソル積　134
店舗選択　41

動機づけ　102
統計的アプローチ　6
統計的推測　14
統計的生成モデル　5
統計的判別モデル　5
統計的モデリング　15
統計モデル　14
同時確率密度　19
投資行動　113
同時事後分布　142
動的市場反応モデル　150, 157
独立サンプラー　139
凸結合　86

ナ　行

内生変数　17
ナショナルブランド　51, 90

二項プロビットモデル　59
二項分布　19, 164
二項ロジットモデル　46
2次因子分析　121
2次因子分析モデル　117
2次データ　5, 8
ニュートン法　20, 89
認知的成分　101

ネスティッドロジットモデル　48
　　──の推定法　50
　　──の尤度　50

ノンパラメトリックモデル　18

ハ　行

売価　25
箱ひげ図　17
ハザード関数　64
　　──の形状　66
　　──の時間依存性　65
ハザード比　67
バラエティ・シーカー　96
パラメータの制約　22
パラメトリックハザードモデル　61
　　──の推定法　71
パラメトリックモデル　18, 64
汎化能力　125
販売履歴データ　9

非ガウス型フィルタ　163
比較尺度　104
非構造化データ　8
ビジネスモデル　60
非集計プロビットモデル　57
非集計ロジットモデル　46
被説明変数　17
非線形　17
非線形時系列　161
左側打ち切り　63
微分　65

標準正規分布　168
比例尺度　11
比例ハザードモデル　66

フィルタ分布　153
フィルタリング　153, 155
不確実性　14
不完全データ　98
不規則性　14
部分最適　4
部分尤度　79
部分尤度法　79
プライベートブランド　51, 90
ブランド選択　41
フルベイズ法　128
プロビットモデル　45
分布関数　167

平滑化　153
平滑化事前情報アプローチ　151
平滑化事前分布　151, 152
平滑化分布　153
ベイジアンモデリング　125, 126
ベイズ推測　128
ベイズの定理　127
ベイズモデル　125, 126
ベースラインハザード　67
ベータ分布　129
ベルヌーイ分布　165
偏差情報量規準　145
変数　14

ポアソン回帰モデル　32–34
　　──の推定法　34
ポアソン分布　19, 32, 166

マ　行

マイクロマーケティング　129
マーケティング　1
　　──の課題　3
マーケティング意思決定　3

マーケティング変数　25
マスマーケティング　80
マルコフ連鎖　136
マルコフ連鎖モンテカルロ法　128, 131, 134
マルチブランド　62

右側打ち切り　63
右連続　167

無記憶性　169
無閉路有向グラフ　142

名義尺度　11
メーカー　1
メカニズム　5
メトロポリス–ヘイスティングス法　134, 137

目的変数　12, 17
モデル選択　21
モデルの複雑度　145
問題認識　101
モンテカルロ積分　135, 136

ヤ　行

ヤコビアン　27
山積み　25

有限混合モデル　86
有効パラメータ数　145
尤度関数　19, 126
床効果　114
ユーザー　2

予測　14, 153

ラ　行

来店行動　43
来店選択　41
ライン拡張　62
ランダムウォーク M–H 法　144
ランダムウォーク・サンプラー　138

リコメンデーション　1
離散型確率分布　164
離散時系列　161
離散選択モデル　44
リッカート尺度　106
粒子　163
粒子フィルタ　163
両対数型モデル　26
量的データ　16
理論駆動のアプローチ　151

累積確率分布関数　64
累積ハザード関数　65

連続型確率分布　166
連続尺度　103, 104

ロイヤル　96
ロジスティック回帰モデル　123
ロジットモデル　44, 46
　——の推定法　50
　——の尤度　50

ワ　行

ワイブル分布　66, 68, 170
ワイブル分布型ハザード関数の時間依存性　69
ワントゥワンマーケティング　80, 129

著者略歴

佐藤　忠彦（さとう　ただひこ）

1970 年　福島県に生まれる
2004 年　総合研究大学院大学院数物科学研究科修了
現　在　筑波大学ビジネスサイエンス系教授
　　　　博士（学術）
主　著　『ブランド評価手法―マーケティング視点によるアプローチ』（共著），
　　　　朝倉書店，2014 年
　　　　『ビッグデータ時代のマーケティング―ベイジアンモデリングの活用』
　　　　（共著），講談社，2013 年
　　　　『現代マーケティングリサーチ―市場を読み解くデータ分析』（共著），
　　　　有斐閣，2013 年

統計解析スタンダード
マーケティングの統計モデル　　　　　　定価はカバーに表示

2015 年 8 月 25 日　初版第 1 刷
2021 年 2 月 25 日　　　第 4 刷

　　　　著　者　佐　藤　忠　彦
　　　　発行者　朝　倉　誠　造
　　　　発行所　株式会社　朝　倉　書　店

　　　　　　　　東京都新宿区新小川町 6-29
　　　　　　　　郵便番号　162-8707
　　　　　　　　電　話　03(3260)0141
　　　　　　　　Ｆ Ａ Ｘ　03(3260)0180
　　　　　　　　http://www.asakura.co.jp

〈検印省略〉

Ⓒ 2015　〈無断複写・転載を禁ず〉　　　　　中央印刷・渡辺製本

ISBN 978-4-254-12853-6　C 3341　　　Printed in Japan

JCOPY　＜出版者著作権管理機構　委託出版物＞

本書の無断複写は著作権法上での例外を除き禁じられています．複写される場合は，
そのつど事前に，出版者著作権管理機構（電話 03-5244-5088，FAX 03-5244-5089，
e-mail: info@jcopy.or.jp）の許諾を得てください．

好評の事典・辞典・ハンドブック

数学オリンピック事典	野口　廣 監修	B5判 864頁
コンピュータ代数ハンドブック	山本　慎ほか 訳	A5判 1040頁
和算の事典	山司勝則ほか 編	A5判 544頁
朝倉 数学ハンドブック［基礎編］	飯高　茂ほか 編	A5判 816頁
数学定数事典	一松　信 監訳	A5判 608頁
素数全書	和田秀男 監訳	A5判 640頁
数論<未解決問題>の事典	金光　滋 訳	A5判 448頁
数理統計学ハンドブック	豊田秀樹 監訳	A5判 784頁
統計データ科学事典	杉山高一ほか 編	B5判 788頁
統計分布ハンドブック（増補版）	蓑谷千凰彦 著	A5判 864頁
複雑系の事典	複雑系の事典編集委員会 編	A5判 448頁
医学統計学ハンドブック	宮原英夫ほか 編	A5判 720頁
応用数理計画ハンドブック	久保幹雄ほか 編	A5判 1376頁
医学統計学の事典	丹後俊郎ほか 編	A5判 472頁
現代物理数学ハンドブック	新井朝雄 著	A5判 736頁
図説ウェーブレット変換ハンドブック	新　誠一ほか 監訳	A5判 408頁
生産管理の事典	圓川隆夫ほか 編	B5判 752頁
サプライ・チェイン最適化ハンドブック	久保幹雄 著	B5判 520頁
計量経済学ハンドブック	蓑谷千凰彦ほか 編	A5判 1048頁
金融工学事典	木島正明ほか 編	A5判 1028頁
応用計量経済学ハンドブック	蓑谷千凰彦ほか 編	A5判 672頁

価格・概要等は小社ホームページをご覧ください．